British style
Signage design of
BAKER STREET
TELEPHONE
BELVEDERE

브리티시스타일
사이니지
디자인
Signage design of
British style

Signage design of
British style

인　　쇄 _ 2017년 1월 25일 1판 1쇄
발　　행 _ 2017년 2월 1일 1판 1쇄
지 은 이 _ 장효민
펴 낸 곳 _ 도서출판 미세움
주　　소 _ (150-838) 서울시 영등포구 도신로51길 4
전　　화 _ 02-703-7507
팩　　스 _ 02-703-7508
등　　록 _ 제313-2007-000133호
홈페이지 _ www.misewoom.com

정가 _ 20,000원

* 2015년 한국교통대학교 지원을 받아 수행하였음.

British style

Signage design of British style

Contents

Signage design of
British style

British style

Signage design of

디자이너 겸 교육자로 생활하며 수 십 년간 디자인 관련 업무를 접하면서 많은 변화가 있었지만 부러웠던 점 몇 가지가 있다. 선진국의 아름다운 생활환경과 여유로운 삶, 남을 배려하는 국민성, 정성스럽게 가꾼 도시환경과 잘 어울리는 사이니지 작품들, 정감 있고 세련된 건축과 인테리어, 그리고 국내 유명대학의 모 교수님이 평생 50여 개국 300여개 도시를 방문하여 수집한 다양한 디자인 자료는 무엇보다도 가장 부러웠었다. 저자의 경우는 아직 24 개국 70여개 도시를 방문 하였고, 그 도시들 가운데에도 예술 · 디자인 · 시각적 충격으로 다가온 곳들이 여러 곳 있었기 때문이다. 항상 새로운 책을 편집할 때마다 더 많은 도시들을 방문하였다면 지금 작업하고 있는 이 책이 더 많은 다양한 자료들이 구성되어 있을 텐데 하는 아쉬움을 가진다. 현대의 디지털 정보화 시대를 살아가고 있는 우리는 끊임없이 새로운 신조어들을 익히면서 적응해가야 한다. 예전에는 듣지 못했던 FOB, 4th element, Un-flattening thinking, Cause marketing, Hyggeligt, AIDMA에서 AISAS로 변화, 콜레보레이션 등 수 많은 용어들이 디자인 분야 뿐 아니라 사회 전반에서 생성되고 시들해져가고 있다. 그러나 한 가지 변치 않는 사실은 우리 인간은 아날로그적이고 감성 또한 여전히 인간적이라는 것이다. 그러기에 트렌드는 주기적으로 순환하여 나타났다 사라지는 반복을 하고 있다. 모든 잘 된 결과물들이 그 나름대로 체계 적인 구조(Framework)가 있어야 하듯이 디자인 분야 또한 이러한 올바른 콘셉트와 이론체계 없이는 제대로 활용되지 못하는 키치적인 결과물을 양산하게 된다고 하겠다. 그래서 우리는 끊임없이 노력하고 연구하여 새로운 트렌드에 발맞추어 나아가야 한다.

공공디자인 요소 중 큰 비중을 차지하고 있는 거리 사이니지의 경우, 사이니지를 구성하는 이미지, 타이포그래피, 컬러, 재질, 형태, 조명 등 주요 요소 중 유럽이나 선진국의 차별화된 점은 디자인의 기본 개념에 충실하다는 것이다. 디자인의 BOFER이론 즉, Beauty(심미성), Originality(독창성), Functionality(기능성), Economy(경제성), Reliability(신뢰성)에 적합한 콘셉트는 기본이고, 광고 크리에이티브의 개념으로 독창성, 적절성, 완성도, 임팩트(Impact) 등의 효율적인 결과를 위한 단순하고 명료한 개념에 적합하게 실행되고 있다는 점이다. 광고제작에서 크리에이티브 요소를 독창적이고 유효적절하며 완성도 높게 구체화하기 위해서는 더욱 과학적이고 논리적인 크리에이티브 전략과 콘셉트 추출이 필요하고, 추출된 콘셉트를 중심으로 카피와 이미지를 도출하듯이 사이니지 제작에도 명확한 프로세스가 잘 적용된 느낌을 브리티시 스타일의 디자인에서 자주 마주 치게 된다. 더불어 영국을 비롯한 유럽의 사인들은 '합의'와 '배려'의 측면을 고려하여 배치하고 있는 점도 우리의 현실과는 다른 점이다.

　　심미적인 측면과 기능적인 면은 항상 대립되기 마련인데 중립적으로 자연스러운 조화를 추구하는 '영국스타일'의 모더니즘적 사상체계를 영연방 국가의 거리에서도 실감할 수 있다. 타이포그래피의 다양함과 컬러의 자연스러운 표현, 간결하고 현대적이며 세련된 서체를 기본으로 원색이 아닌 중간 톤의 색상과 잘 조화된 사이니지는 조형적인 완성미와 함께 아름다운 이미지를 연출하고 있는 것이다. 또한 사이니지가 건축물의 일부 요소로 보일만큼 전체적으로 완성도가 높고 시각적으로 편안하고 실용적인 형태로 다가오는 것은 마치 건축물과의 조화를 먼저 생각하여 개인의 이익을 절제하고 도시사용자를 먼저 배려하는 조화로움으로 연출되고 있다. 그리고 거리 곳곳의 사이니지들이 완성도 높은 디자인과 예술작품으로 보여 지는 것은 여유 있는 제작 기간과 프로세스, 심사숙고하여 작업한 완성도 높은 결과로, 브리티시스타일의 문화 · 경제적 차이가 세계적으로 차별화된 아름다운 이미지를 지속적으로 만들어가고 있다고 생각된다. 도시를 구성하는 조형적 요소(도로, 공원, 광장, 건축, 가로시설물 등)와 가로경관 요소 중 사이니지는 예전부터 시각적 공해요인으로 많은 문제점을 표출하여 왔다. 그러나 국내의 도시 경관도 서서히 변화하고 있으며 이제는 정보전달의 기능을 넘어서 도시경관과 심미감을 느끼게 디자인 되어야 한다. 아울러 독창적인 가치와 조형작품 개념으로 도시환경과 연관하여 조화롭게 통합적인 개념으로 세삭뇌어야 하는데 유니버설, 인클루시브 디자인 등 통합적인 디자인 요소를 잘 활용하여야만 더 아름답고 살기 좋은 도시를 가꾸어갈 수 있을 것이다.

2017, 1 충주 연구실에서

Signage
British s

Signage design of
British style

London

Signage design of British style

esign of
tyle

1. 영국 **런던**

세계의 도시는 그 도시의 정체성을 표현하고 상징하는 여러 가지 특징들을 가지고 있는데, 건축과 조형물은 물론 다양한 그래픽요소, 자연환경과 문화 등이 바로 그것이다. 대부분의 여행객들은 그 나라와 도시를 방문하기 전에 이미 그 도시에 대한 정보와 이미지를 다양한 매체를 통하여 갖고 있다. 도시의 건축물과 가로환경, 각종 사이니지와 조형물, 그래피티(낙서화), 공원, 휴식 공간, 그리고 다양한 문화시설과 관광명소가 여행객은 물론 도시 사용자들의 감성을 자극하고 그것이 도시의 특성이자 한나라의 경쟁력으로 중요한 역할을 하고 있다. 우리가 알고 있는 도시이미지는 한 도시가 가지고 있는 물리적·문화적 모습의 상징으로 도시를 평가하는 결정적 요소이며, 그 도시의 일부분 또는 전체에 대하여 도시사용자들이 갖게 되는 느낌 및 인상 등을 말하는 것으로서 도시의 이미지 전략의 중요한 부분이라고 할 수 있다. 국내의 경우 일부 자치단체들도 그 지역만의 도시이미지를 정립하기 위해 다각도로 노력하고 있으며 도시브랜드, 도시환경, 문화산업, 관광산업, 지역특산물 패키지디자인은 물론 브랜드디자인에 이르기까지 디자인을 접목하여 통합적인 서비스디자인을 실시하려는 노력들이 진행되고 있다. 그러나 집행과정과 결과는 여러 가지 문제점으로 인해 올바른 모습을 보여주지 못하고 있다. 우리가 선진국의 전반적인 모범사례를 살펴보고 잘된 사례를 벤치마킹하는 것은 우리의 현실에 접목 가능한 아이템들을 찾아서 상황과 여건에 적합하게 구성하여 시행착오를 줄이려는 것이다. 이러한 현실여건에서 그 모범적인 사례가 브리티시 디자인이 아닌가 생각된다.

영국 스타일의 디자인은 어떤 모습일까? 유럽 스타일과 유사한 영국 스타일의 이미지를 연상하여 살펴보면 다음과 같은 표현과 유사하지 않을까 생각된다. 고급스럽고 우아하며, 조화롭고 패셔너블하며, 색다른 이미지와 분위기를 잘 연출하는, 갖고 싶은 마음을 자아내고 최신의 트렌드를 선도하는, 컬러와 배색의 조화와 액센트 컬러를 잘 활용하는, 형태와 기능의 완벽한 조화, 오랜 역사와 장인정신의 표출, 평범 속의 비범, 명품과 매스티지, 자연의 유기적인 표현 등등. 대영제국(Great Britain)이라는 명성에 걸맞게 50여개의 영연방 나라들과 함께, 여왕과 귀족사회를 문화의 아이콘으로 다양한 관광명소와 수많은 여행객들이 끊임없이 찾게 만드는 영국. 특히 런던의 도시이미지와 매력은 무엇일까? 좁고 오래됐지만 사통팔달로 연결된 지하철과 기차, 독특한 이층버스의 상호유기적인 편리한 교통시스템은 물론, 대부분 무료로 즐길 수 있는 박물관과 갤러리 등 문화시설, 그리고 도심 속에 위치한 아름다운 공원 등이 바로 런던만의 매력적인 요소라고 보여 진다. 영국은 1980년대 이후 미국이나 독일, 일본 등 다른 나라에 비해 제조 산업기반이 약해지자 이를 보완할 산업으로 문화예술 분야 등 창조산업 및 서비스디자인을 집중육성하고 있으며 글로벌 디자인산업의 경쟁력을 배양해왔다. 아울러 영국은 디자인 산업정책을 '제2의 산업혁명'으로 간주할 정도로 정책적으로 중요하게 추진해 많은 스타디자이너는 물론 세계 디자인의 메카이자 트렌드의 발생지, 유럽 시장진출을 위한 테스트마켓으로 자리 잡게 되었다.

디자인 측면에서 영국은 실무중심의 디자인경영(Design Management)이 발달된 나라인데, 무엇보다 영국 디자인 교육에서 주목할 점은 비즈니스 실무능력을 중시하여 디자인경영 관련 교육프로그램이 튼튼하게 마련되어 있으며 제조 산업분야의 디자인혁신은 물론 모든 초등학교에는 '디자인과 테크놀로지' 라는 과목이 필수로 지정되어 어릴 때부터 디자인 조기교육을 실시하고 있다. 이렇듯 사회전반에 예술·문화·디자인의 생활화와 삶을 여유롭게 즐기는 방식이 영국을 비롯한 유럽 선진국의 강점이라고 보인다.

아울러 공공 디자인 측면에서의 런던은 거리에서 흔히 보는 사이니지도 하나의 문화이며 예술이 된다. 세계문화 도시의 잘 디자인된 사이니지는 거리의 예술품으로 도시 사용자들에게 다가오는데, 단순히 기호나 시각 전달 매체로서의 디자인 결과물이 아니라 그 나라와 지역의 문화와 숨결이 느껴지는 문화예술품의 기능을 보여주고 있는 것이다. 런던의 사이니지 역시 '건축과 도시환경' 을 중시하여 도시경관과의 조화를 최우선으로 고려하여 디자인하였는데, 매력적인 도시공간을 창출하기 위한 도시의 사이니지 디자인은 여러 사용자간에 상호 커뮤니 케이션을 할 수 있는 중요한 미디어이자 지역의 정보를 전달하고, 지역 문화를 반영한 조화로운 사이니지 디자인은 어느 지역이나 매우 중요한 요소이다. 런던의 경우 거리의 사이니지 역시 대부분의 유럽도시와 유사하지만 거리 별로 특성화된 사이니지들(오페라 극장들이 밀집된 거리의 경우는 조형미 있는 대형 사이니지를 허용한다든지)이 시각적으로 변화 를 보여주며 특히, 거리곳곳의 관광안내 정보사인은 세계에서 가장 잘 디자인되어 있다고 여겨진다. 런던의 경우 이러한 합목적적인 개념이 잘 적용되어 그 기능성(내구성, 재질감, 컬러나 글자체등)과 디자인의 일관성, 통일성은 물론 현대적인 아름다움을 잘 표현해주고 있다.
현대의 정보화 시대는 디자인이 모든 분야에 접목되어 그 힘을 발휘하고 있으며 그 역할 또한 광범위하다. 사이 니지 디자인도 그중의 하나로 시각적 공해로 인식되지 않기 위해서는 도시사용자 모두가 먼저 사이니지 디자인의 중요성을 인식하여야 한다. 그리고 사이니지는 정보전달 기능 외에 도시 발전과 그에 수반하는 경관변화, 갖가지 시스템 변화등도 도시환경과 연관하여 생각하고 계획되어져야한다. 따라서 옥외 공공 사이니지는 도시환경에 지대한 영향을 미친다는 사회적 인식과 도시특성을 살려 더 나은 도시경관을 조성하고 새로운 공공 사이니지 문화 정착을 위해 개선되어야할 중요한 과제이다. 아울러 우리의 자치단체들은 그 지역만의 정체성 확립과 홍보, 좀 더 살기 좋은 도시환경 구축을 위해 종합적인 도시마케팅개념의 공공디자인 조직구성과 함께 효율적인 사이니지 시스템의 적극적인 활용과 정착이 글로벌 시대의 선결과제라고 생각된다.

Signage design of
British style
London

1, 2, 3 _영국 런던의 거리에는 일정한 간격을 두고 종합안내판이 도시사용자들을 위해 상세하게 설명되어 있다. 그 자리에서 목적지를 쉽게 알수 있으며 아울러 재질도 고급스러움은 물론 내구성과 함께 정보의 교체가 쉬우며, 탈색과 변색을 방지하는 특수 인쇄 등 다목적 개념으로 구성되어 있다.

WELCOME TO THE CITY OF LONDON
River Thames
CITY OF LONDON

2

WALBROOK
DOWGATE HILL
Dyers' Hall
Tallow Chandlers' Hall
Skinners' Hall
COLLEGE ST
UPPER THAMES
COUSIN LANE
Walbrook Wharf
St Michael Paternoster Royal
Innholders' Hall
CANNON STREET
COLLEGE HILL
CLOAK LA
P
THREE CRANES WALK
QUEEN STREET
QUEEN ST PLACE
SOUTHWARK BRIDGE
London Chamber of Commerce
SKINNERS LANE
UPPER THAMES STREET
Vintners' Hall
Vintners Place
St Mary Aldermary
GARLICK HILL
St James Garlickhythe
BOW LANE
Mansion House
WATLING STREET
QUEEN VICTORIA STR
LITTLE TRINITY LANE
Painter-Stainers' Hall
River Thames
CANNON STREET

3

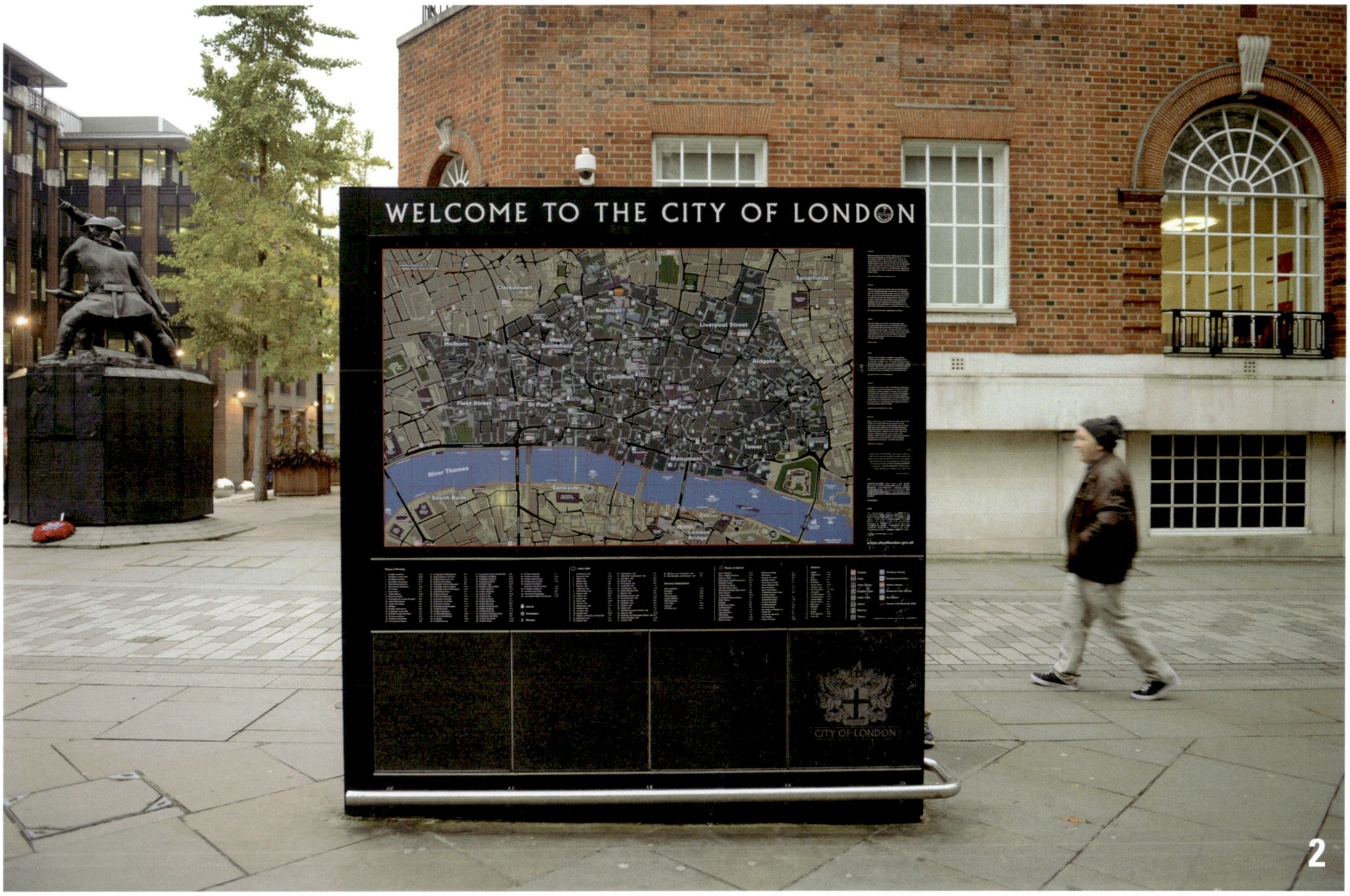

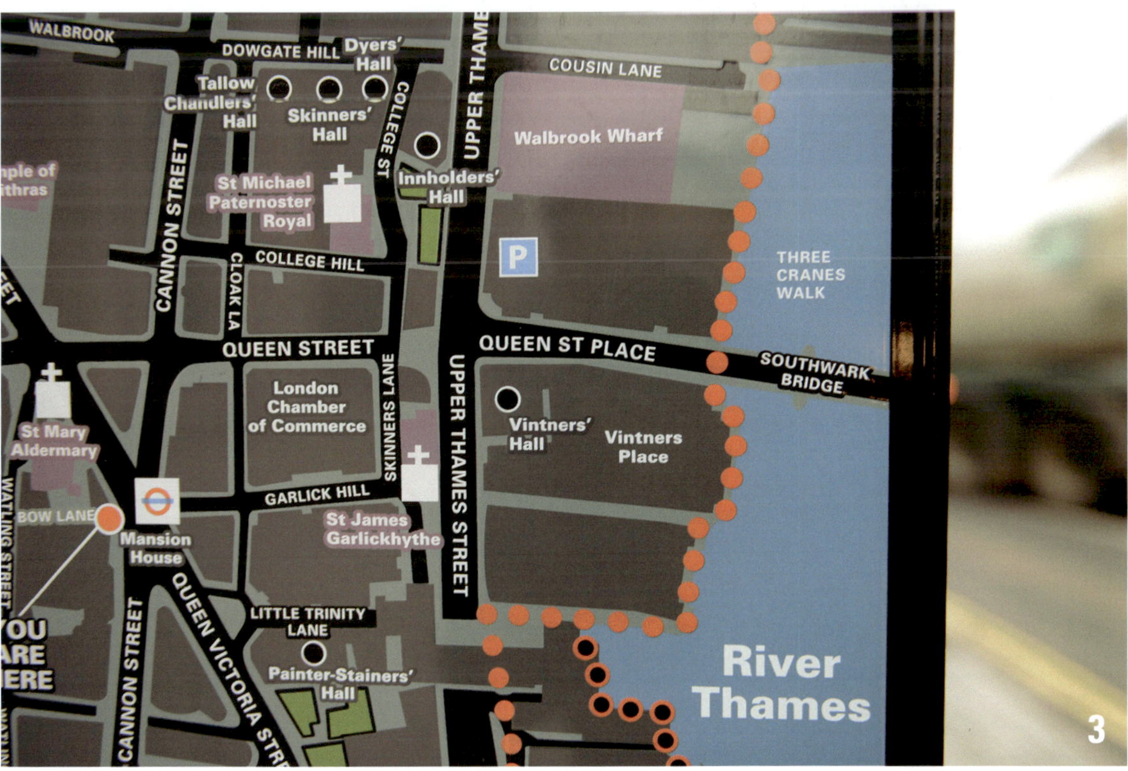

1, 2, 3, 4, 5 _ 런던의 테임즈강 근처에 위치한 사우스뱅크 센터는 다양한
문화시설들이 모여있어 도시사용자들을 즐겁게하는 곳이다.
이곳의 실내외 사이니지 시스템 또한 효율적인 건축 구성과 함께 독특한
질감과 색상을 연출하고 있다.

SOUTHBANK
CENTRE
HAYWARD GALLERY
QUEEN ELIZABETH HALL
ROYAL FESTIVAL HALL
EAT.

GARDEN,
CAFÉ & BAR
NOW OPEN
COME ON
UP!
ETHER 12
QUEEN ELIZABETH HALL

1, 2, 3 _ 다양한 문화시설들이 모여있는 사우스뱅크 센터의 외부
모습으로 이곳의 실외 사이니지 시스템 역시 효율적인 건축 구성,
환경조형물 등과 어울리게 독특한 질감과 색상을 자연스럽게 연출하고 있다.

Information
London Eye
RIVER CRUISE
Tickets now available
Disabled
Entrance
London Eye
4D Experience
EDF ENERGY
London Eye
www.londoneye.com

Tower Bridge Exhibition
Dead Man's Hole
What will I see?
Opening Times
10.00am - 5.30pm
1st April - 30th September
9.30am - 5.00pm
1st October - 31st March
Closed
24 - 25 December

HOLLYWOOD COSTUME
BALLGOWNS
V&A HOLLYWOOD COSTUME

1, 2 _ 영국 자연사박물관의 단순하지만 격조높은 디자인의 외부 지주형 사인과 런던 아이즈의 안내 사인으로 그래픽 요소가 강하게 표현되어 있다.

3, 4 _ 타워 브릿지 전시관 안내 부착형 사인과 Victoria & Albert museum 입구의 실사프린트 이미지가 전시내용을 알리고 있다..

5 _ 자연사박물관 근처에 설치되어 있는 주변 안내도 지주형 사인으로 관광객이나 도시 사용자들이 쉽게 목적지를 찾을 수 있도록 효율적으로 구성되어 있다.

6 _ 런던은 여러개의 자치구로 구성되어 있는데 그 중 시티 오브 런던의 관광안내소 앞에 설치되어 있는 정보안내 지주형 사인으로 감각적인 타이포그래피 구성으로 되어있다.

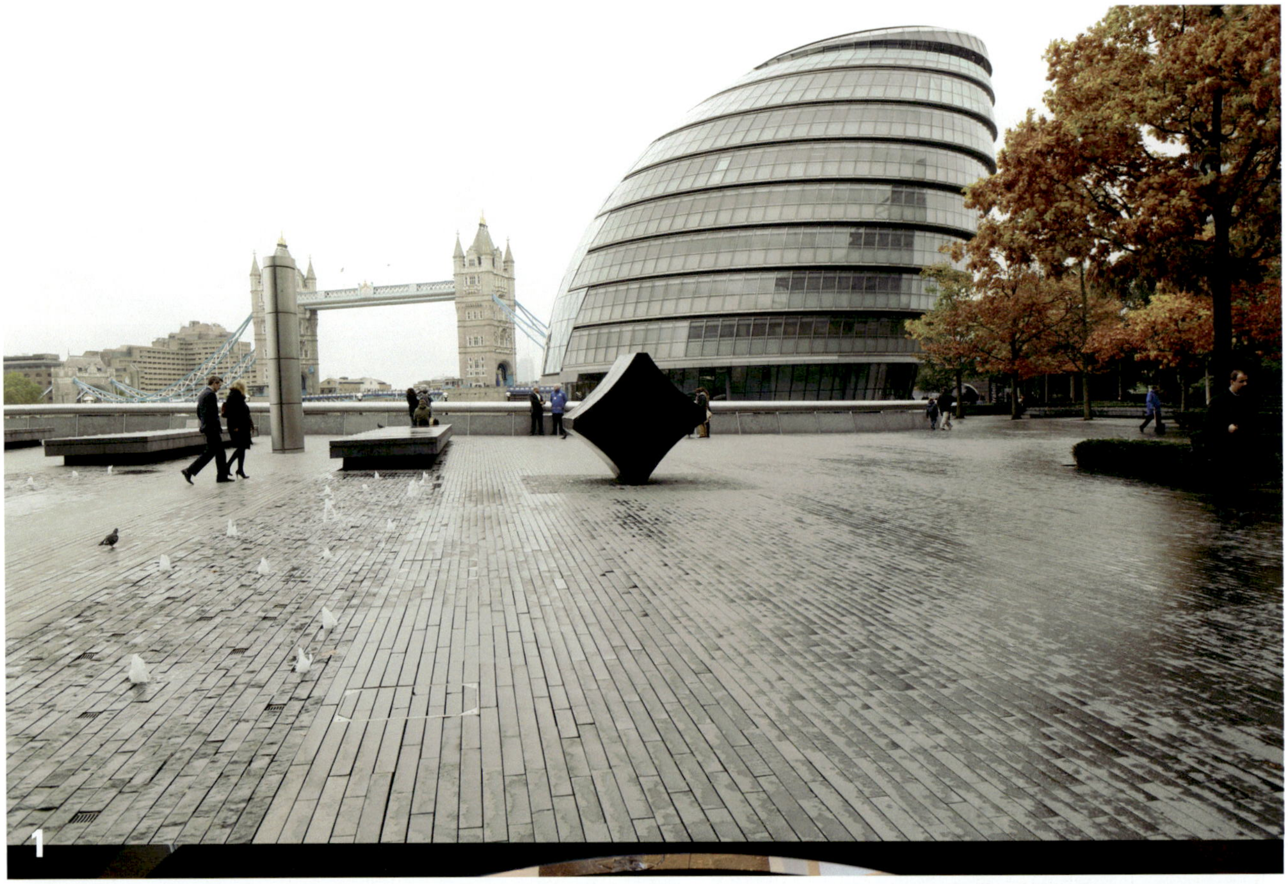

→ Lifts
Meeting Rooms
and Cloakroom

1, 2 _ 세계적인 건축디자인으로 유명한 런던시청의 아름다운 모습과 내부는 방사형 구조로 지하에는 전시관과 부대시설이 설치되어 있다.

3, 4, 5 _ 1층과 지하 내부의 벽면은 대부분 노랑색 바탕으로 되어 있으며 사인 또한 단순한 타입으로 구성되어 있다. 명시성이 뛰어나고 단순한 형태와 모습이지만 명확한 정보 전달은 물론 색다른 이미지를 보여주고 있다.

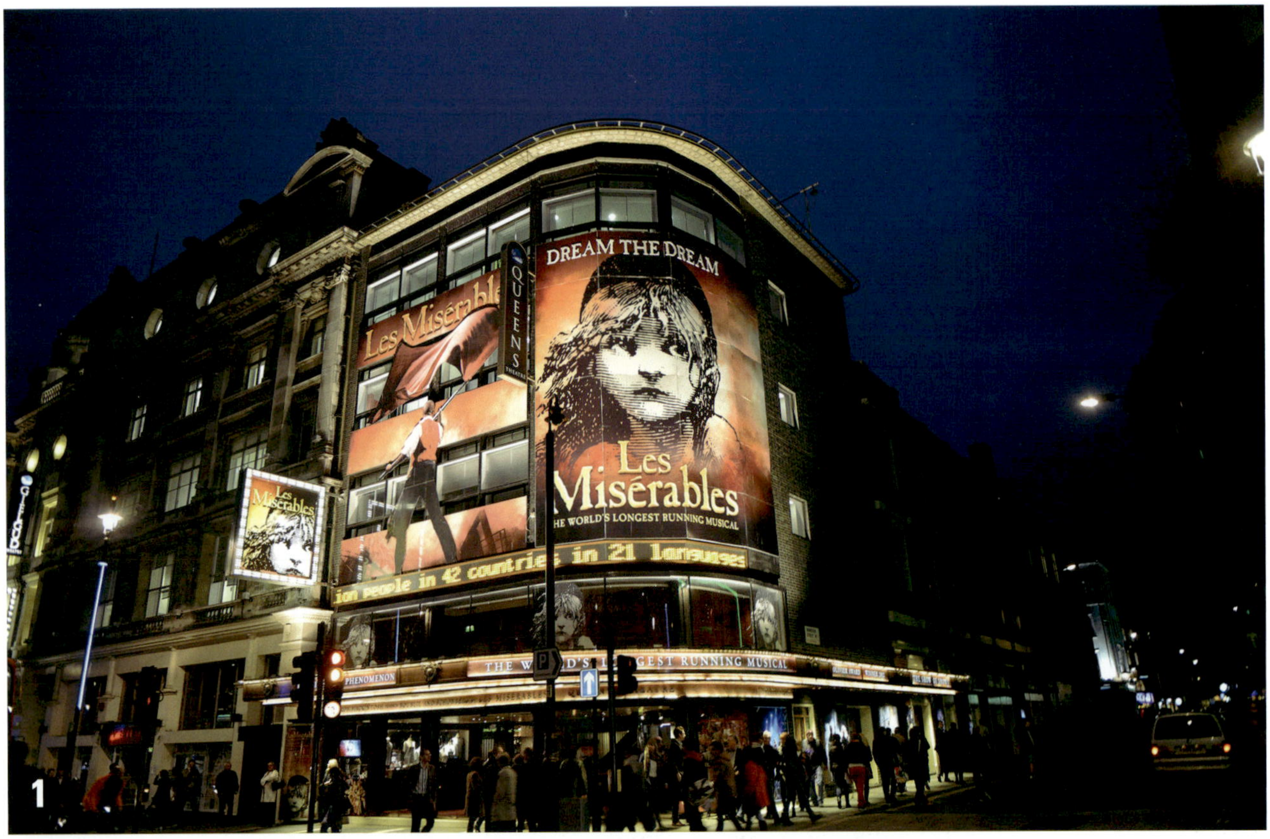
DREAM THE DREAM
Les Misérables
THE WORLD'S LONGEST RUNNING MUSICAL
QUEENS
in 42 countries in 21 languages

'AN EVENING OF PURE JOY'
SINGIN' IN THE RAIN
BASED ON THE MGM FILM
'WALL-TO-WALL PLEASURE'
Palace Theatre
Box Office

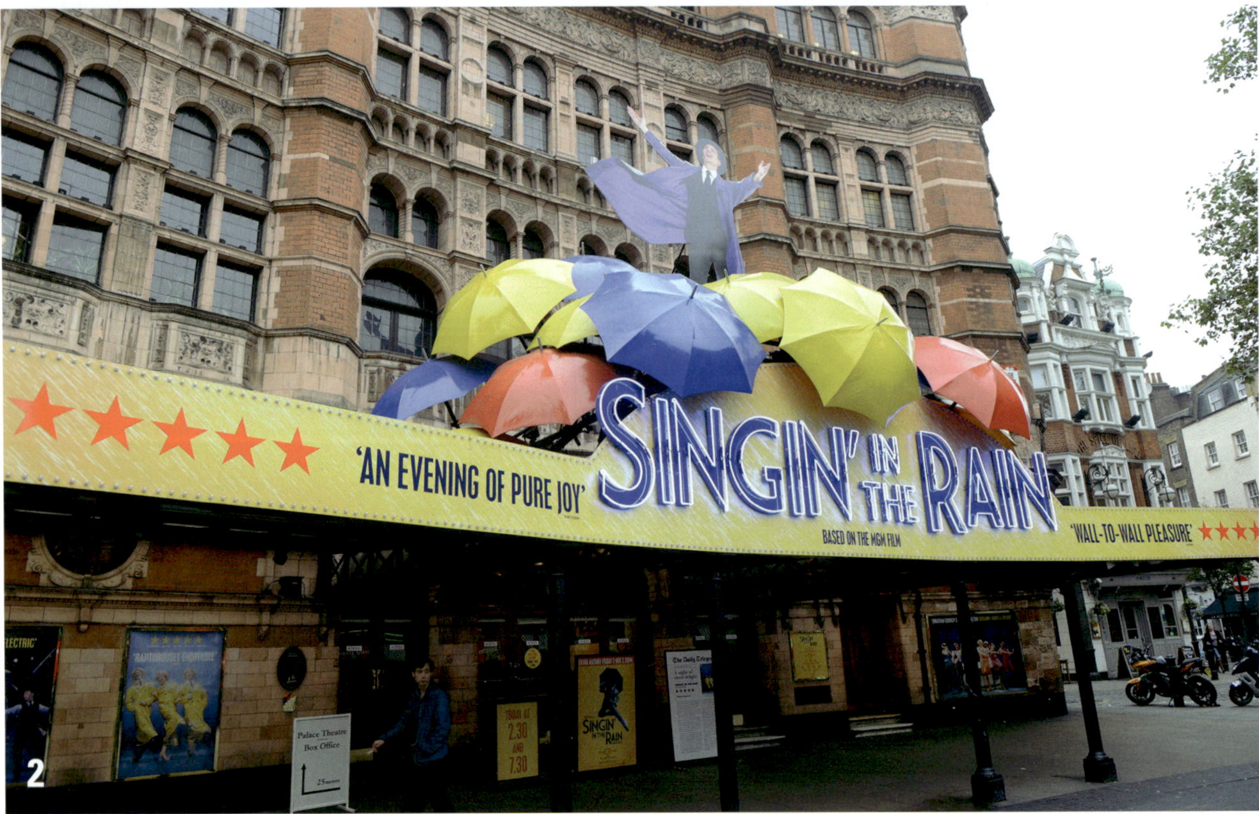

1, 2 _ 유명한 뮤지컬 프로그램이 매일 공연되고 있는 피카딜리 서커스 근처의
뮤지컬 전용극장의 야간과 주간 모습으로 런던에서는 유일하게 건물 유리창을
활용한 광고판의 모습을 볼 수 있다.

3, 4 _ 뉴욕의 타임 스퀘어와 함께 디지털 옥외광고의 대명사로 불리우는
런던 피카딜리 서커스의 전광판 광고 모습과 런던 시내 곳곳에서 만나는
공중 자전거 대여 안내와 주변정보 시스템.

NATURAL
HISTORY
MUSEUM
Admission fre
Open day
10.

1, 2 _ 영국 자연사박물관은 웅장한 규모와 함께 여러개의 주제 전시관으로
구성되어 있어 전세계에서 많은 관광객들이 방문하는 곳이다.
외부의 지주형 사인과 담장의 안내 사인으로 단순한 구성으로 표현되어 있다.

1, 2, 3 _ 나이팅게일, 챨스 황태자 등 유명인들이 졸업한 킹스대학에 위치한 섬머셋 하우스는 아름다운 건축물과 독특한 전시회가 연중 개최되는 런던의 명소이다.
아울러 007 등 유명한 영화의 배경이 되기도 하였는데 도심속의 문화공간으로 많은 도시사용자들이 즐겨 찾는곳이기도 하다.

THE
COURTAULD
Gallery
The Courtauld Gallery
Open daily 10.00 – 18.00
Last Admission 17.30
Tickets £6.00 / £4.50 concessions
Free Mondays until 14.00 except Public Holidays
Free for under 18s, full-time UK students,
registered unwaged and Friends of The Courtauld
The Courtauld Gallery Café
Open daily 10.00 - 17.30
THE
COURTAULD
GALLERY
DISCOVER GREAT
MASTERPIECES IN THE
HEART OF LONDON
art and
property

1

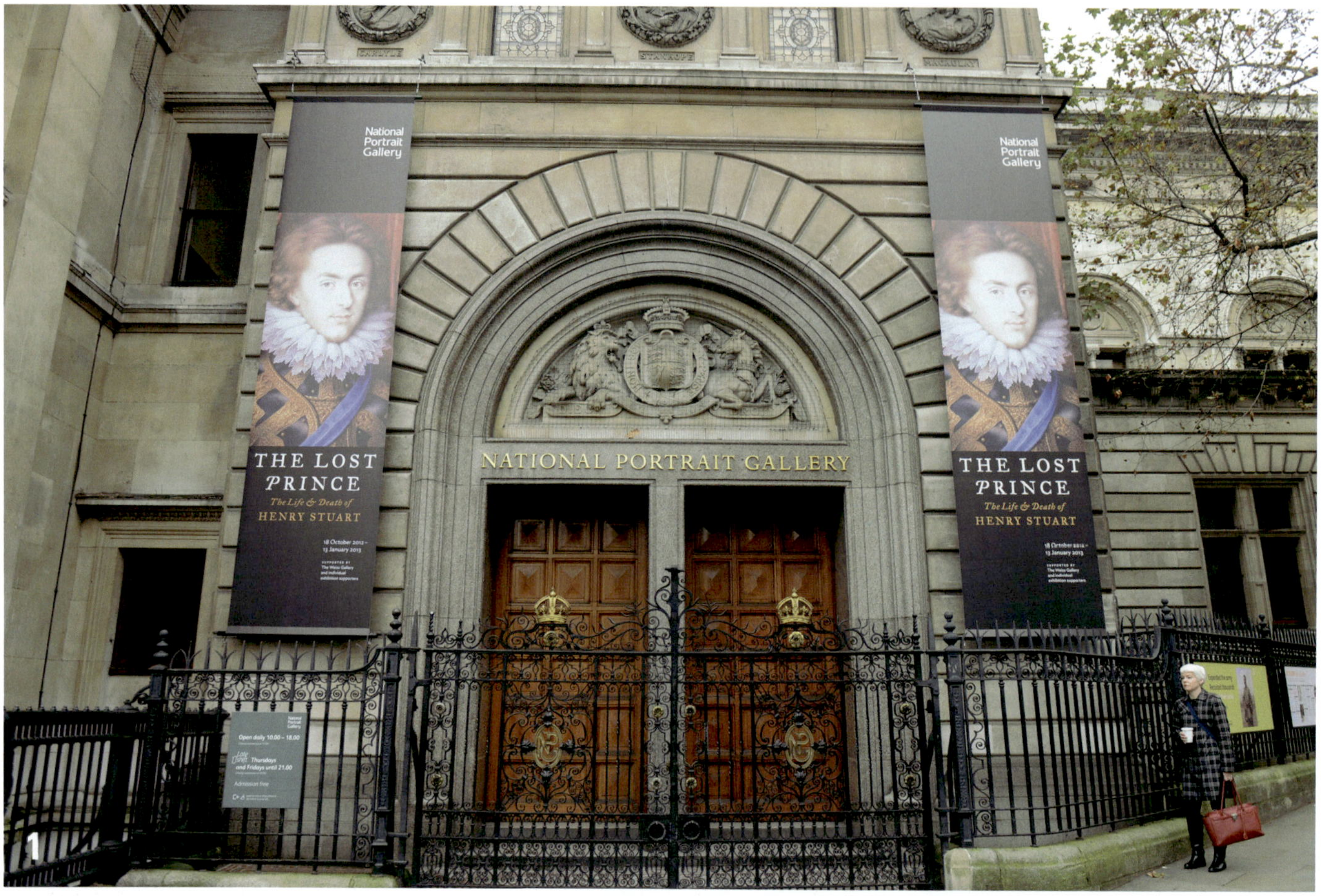

1, 2, 3, 4_ 대영박물관 인근에 위치한 국립초상화 박물관은 많이 알려져 있지는 않지만 독특한 전시 구성과 사인 시스템 구성으로 인상 깊은 곳이다. 단순하고 현대적으로 감각적인 면 구성과 컬러의 대비는 평면 구성의 진수를 표현하고 있다. 아울러 지하 아트샵의 판매 제품들도 고급스럽고 매력적인 디자인으로 구성되어 있어 구매의욕을 자극하는 곳이다.

2

3

4

5

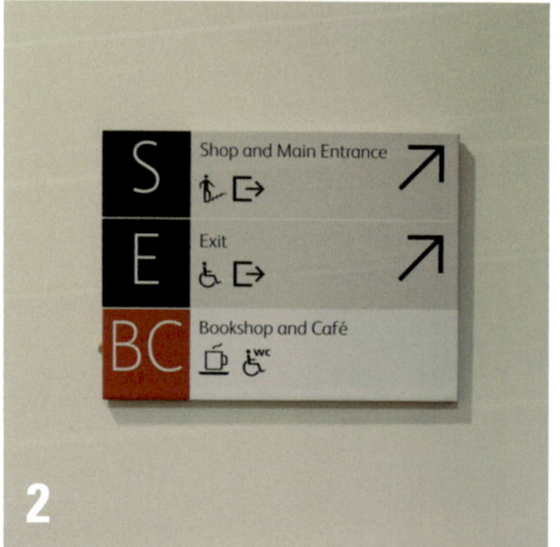

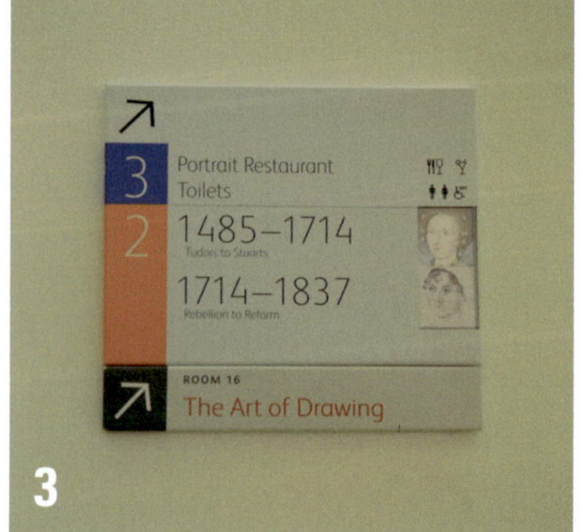

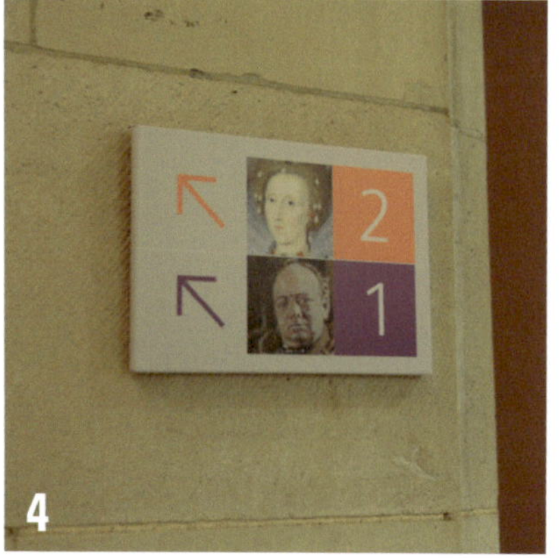

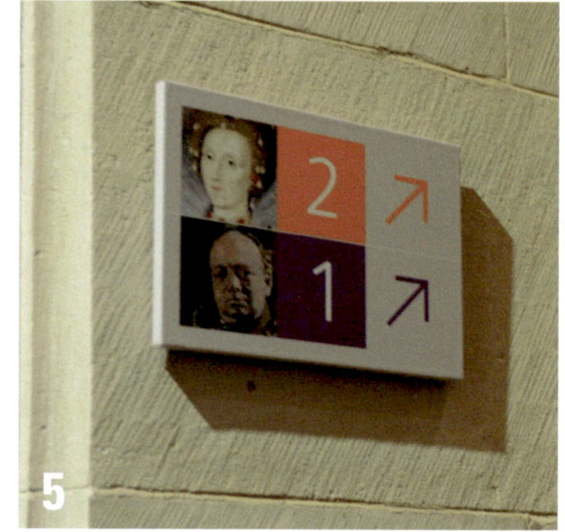

6, 7, 8_ 폐쇄된 화력발전소를 문화시설로 리 디자인하여 전 세계의 관광객을 모이게 만든 테이트 모던의 내부 사인으로 특별한 디자인 보다는 단순하고 기능적인 정보전달에 초점을 맞춘 경제성과 실용직인 콘셉트로 구성되어 있다.

1, 2, 3 _ 나이팅게일, 찰스 황태자 등 유명인들이 졸업한 킹스대학은 같이 위치한 섬머셋 하우스의 아름다운 건축물과 함께 런던의 명소이다. 편리한 접근성과 주변의 다양한 문화시설들은 단순하지만 명시성이 뛰어난 사인 시스템과 함께 아름다운 런던의 이미지를 연출하고 있다.

4, 5 _ 국립자연사박물관과 국립과학박물관 등 다양한 문화시설이 밀집한 지역에 위치한 임페리얼대학의 외부와 내부의 사인 시스템으로 단순한 색상과 재질로 구성되어 있다.

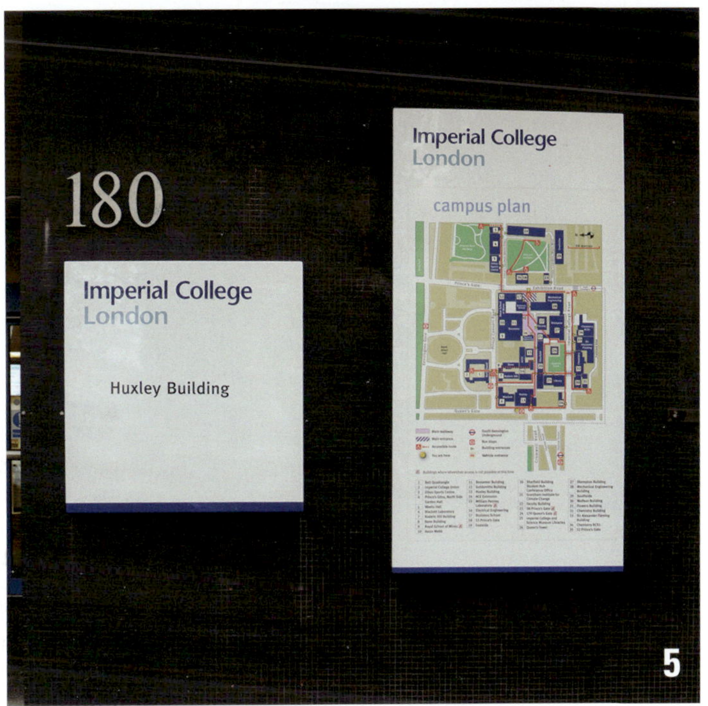

_ 런던의 테임즈강 근처에 위치한 사우스뱅크 센터 근처에는 세익스피어
관련 전시관과 극장이 있다.

2_ 런던 지하철의 내부 모습으로 오래된 역사만큼 작고 좁으며 벽면은
각종 광고판으로 구성되어 있다.

3 _ 테임즈 강변의 타워브릿지 근처에 위치한 런던타워의
매표소와 안내소는 그래픽 이미지로 표현되어 있다.

4, 5 _ 버킹검 궁전 앞의 로얄파크은 아름다운 정원
구성과 함께 정보안내도 단순하지만 현대적인 면 분할
레이아웃으로 구성되어 있다.

Crabtree & Evelyn

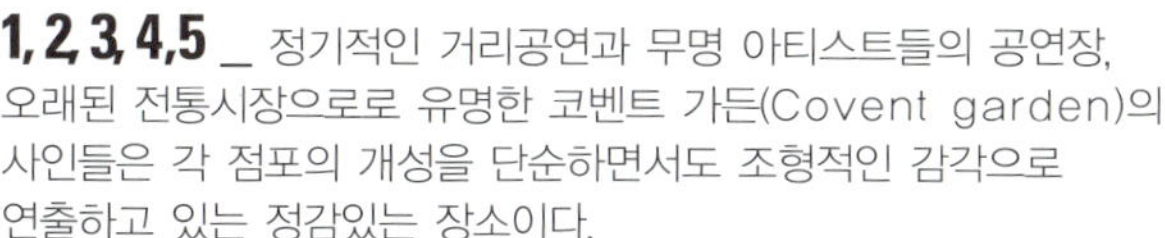

1, 2, 3, 4, 5 _ 정기적인 거리공연과 무명 아티스트들의 공연장,
오래된 전통시장으로로 유명한 코벤트 가든(Covent garden)의
사인들은 각 점포의 개성을 단순하면서도 조형적인 감각으로
연출하고 있는 정감있는 장소이다.

1, 2, 5 _ 정기적인 거리공연과 무명 아티스트들의 공연장,
오래된 전통시장으로로 유명한 코벤트 가든(Covent garden)의
풍경으로 각 점포의 개성을 단순하면서도 조형적인 감각으로
연출하고 있다.

3, 4 _ 역사깊은 전통시장의 대명사로 전 세계의 전통시장
관계자들이 벤치마킹하는 Borough market은 세련미는 없으나
단순한 아날로그적인 콘셉트의 디자인으로 구성되어 있다.

5 _ 피카딜리 서커스 인근의 고급 빌딩가에 위치하고 있는
이 마켓은 전통적이고 아날로그적인 디스플레이와 단순하지만
고급스러움이 느껴지는 돌출사인으로 입구를 연출하고 있다.

WHOLE FOODS
MARKET
WHOLE FOODS
MARKET
CONVENTIONAL
Pumpkins
3.99 each
WELCOME
PREZZO

6

1

1, 2_ 런던의 테임즈강 주변에는 다양한 문화시설은 물론 오피스 빌딩도 많은데 그 중의 OXO 브랜드의 영국 디자인 사무실의 사이니지는 개성있는 타이포그래피 질감으로 표현하고 있다.

3_ 런던의 새로운 개발지로 금융, 문화타운을 형성하고 있는 Canary Wharf 지하철 역사와 Jublee shoping center에는 화살표 형태의 대형 사이니지가 방향을 안내하고 있다.

2

SHOPS
&RESTAURANTS
JUBILEE PLACE SHOPPING MALL
SHOPS
&RESTAURANTS
JUBILEE PLACE SHOPPING MALL
SHOPS
JUBILEE PLACE SHOPPING MALL

3

1, 2 _ 테이트모던 미술관 주변에 위치한 브티끄호텔 Citizen M은
외관은 단순하지만 내부의 개성있는 인테리어와 사인은 디자인
전공자에게 색다른 시각적 만족감을 안겨준다.

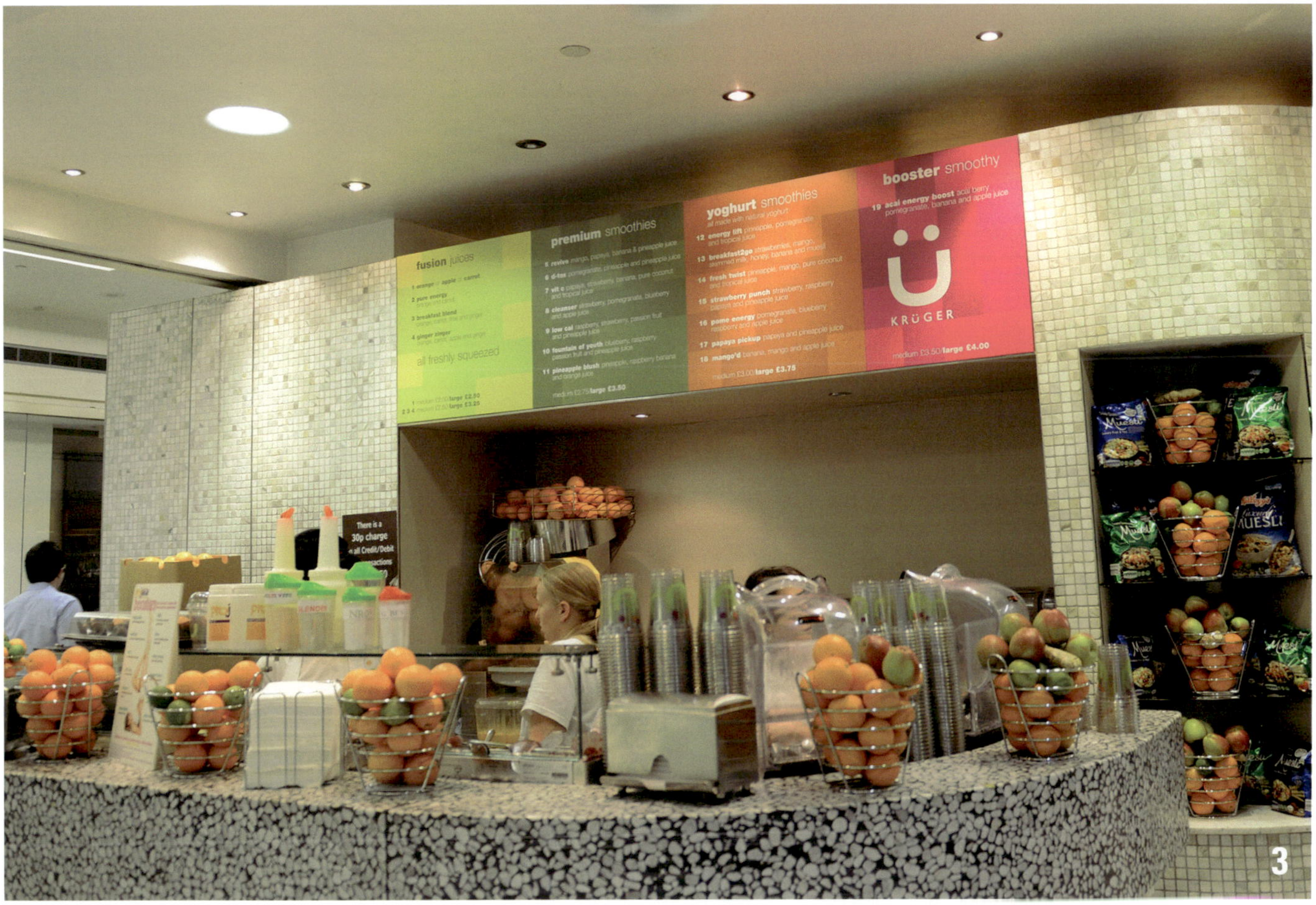

3, 4, 5 _ 어느 푸드코트의 아름다운 메뉴 색상배열과 국립자연사박물관의 특별전의 외부 홍보판은 헤드라인의 타이포그래피 레이아웃이 독특하게 구성되어 있다. 런던 시내 곳곳에는 동유럽과 마찬가지로 조형적인 수공예인 사인들을 자주 볼 수 있다.

1, 2 _ Imperial College 주변의 한 건물에서 본 레스토랑의 창문과 식탁에는 타이포그래피 실사출력으로 표현되어 있다. 약간은 어수선한 느낌이지만 패턴의 역할과 함께 단조로움을 파괴하는 신선한 이미지로 다가온다.

3, 4 _ 타워브릿지와 디자인 뮤지엄 근처에서 본 점포의 파사드는 단순하지만 주변과 잘 조화되면서도 개성있게 구성되어 있다. 런던을 비롯하여 브리티시 스타일의게 도시들을 여행하다보면 이렇게 은근히 멋을 드러내는 점포 디자인을 자주 만날 수 있다.

1, 2, 3, 4, 5 _ 런던의 곳곳에서 본 개성있는 점포들은 제각각 업종별 이미지를 잘 표현하고 있다. 국내와 다르게 윈도우에 과도한 시트지 부착이 없기에 깨끗한 도시 경관 연출이 가능하고 시각적 공해가 덜한 느낌이다.

6 _ 런던의 새로운 금융, 문화타운을 형성하고 있는 Canary Wharf 지하철 역사와 Jublee shoping center에는 화살표 형태의 대형 사이니지가 방향을 안내하고 있는데 배경 벽면의 컬러 그래픽은 삭막한 도시공간을 포근한 이미지로 바꾸어 준다.

SHOPS
&RESTAURANTS

Signage
British s

Signage design of
British style

Bristol

Signage design of British style

esign of
tyle

2. 영국 **브리스톨**

영국 런던의 서쪽에 위치한 소도시 브리스톨(Bristol)은 과거 산업혁명시절에 세계최초로 증기선을 만든 조선소와 항구도시로 번창했으나 현재는 브리스톨 대학교와 BBC 방송국의 다큐멘터리 제작국이 위치해 있고, 잘된 도시 디자인과 도시마케팅의 전형으로 유명한 곳이다. 우리는 영국의 대학이라고 하면 옥스퍼드나 캠브리지를 떠올리지만 브리스톨 대학도 세계대학 순위에서 30위 이내의 우수하고 유명한 곳이며, 고풍스러운 캠퍼스와 대학 주변의 공원거리(Park street)는 빈티지한 상점들과 카페들이 늘어서 있어서 걷다보면 각양각색의 개성 있는 사인들을 구경하기 좋은 곳이기도 하다. 아울러 브리스톨은 영국 내에서도 기독교가 전파된 전통을 간직한 지역으로 많은 신자들이 성지순례를 하는 지역이기도 하며 특히, 낙후된 항구도시에서 워터 프론트를 잘 개발하여 문화산업 측면에서 공공디자인을 개성 있게 적용, 세계 여러 곳에서 도시디자인이나 도시재생 관련자들이 찾아와 사례를 연구하는 곳 이기도하다. 브리스톨시 당국은 1980년대부터 쇠퇴하는 도시를 재생하는 사업을 전개하면서 브리스톨의 특성을 분석해 다양한 도시디자인 개선사업과 도시마케팅 전략을 수립했다. 이러한 브리스톨 만의 아이덴티티를 정립하기 위하여 도시디자인의 목표를 '이해하기 쉬운 도시'(Legible City)로 정하고 시민중심의 디자인 콘셉트로 진행하였으며, 통일된 디자인 요소들(서체, 색채, 아이콘 등)을 표현하였다. 그 결과 높은 수준의 브리스톨 도시디자인은 2008년 '유럽문화도시' 후보로 선정되는 등 도시공간의 디자인 변화를 통해 도시사용자들의 삶의 질을 높이고 '도시의 정체성'과 '도시 브랜딩'에 성공한 사례로 평가받고 있다.

동 · 서유럽을 비롯하여 유서 깊은 선진국을 여행하다보면 가장 깊은 인상을 받는 것은 잘 정돈된 거리와 함께 과거와 현대의 적절한 조화, 연출이 아닌가 생각된다. 옛것을 그대로 지키면서 그 멋을 더 빛나게 하는 현대적인 요소들의 조화, 그리고 이러한 다양하고도 은근히 드러내는 개성과 심미적인 아름다움의 표출은 시각적으로는 물론 심리적으로도 낯선 여행객에게도 안정감과 친숙함으로 다가온다. 브리스톨 지역 사인 디자인의 특징은 다른 유럽의 지역과 비슷한 모습을 연출하고 있다. 도심지역의 사인들은 다양한 재질과 감각적인 디자인 표현, 그리고 어려서부터 문화 · 예술적으로 잘 교육된 시민들의 미적인 감각이 생활 속에 내재되어 있어, 다원화된 현대의 사회 속에서 질서감각을 보여주고 있다. 거리 환경 사인들을 자세히 살펴보면, 국내처럼 난잡한 플래카드와 대형사인, 유리창에 시트를 이용한 광고는 철저하게 규제되며, 작지만 건축물과 잘 조화된 도시의 사인들은 시각적으로 안정되고 아름다운 도시환경을 만들어나가는 핵심요소의 역할을 하고 있다. 또한 건물을 표시하는 주소인 숫자를 중심으로 다양한 타이포그래피 질감을 연출하고 있었는데 이러한 조화롭고 아름다운 도시의 사인 환경은 미적 · 디자인적인 교육과 함께 생활 속에서의 문화감각 향유, 정부 전담부서의 체계적이고 지속적인 관리, 그리고 직업전문교육기관의 실무적인 교육의 결과라고 보여 진다.

예술과 디자인분야에서 다양함속에서의 통일은 각각의 다양성을 가지면서 전체적으로 통일되는 것을 말한다. 즉, 질서를 의미하는 것으로 질서는 조화, 대비, 비례, 균형, 리듬 등의 공통되는 원리로서 아름다움을 구성하는 최고의 미의 원리이다. 생활 속에서 우리의 삶을 아름답게 유지하려면 질서가 필요하듯 사인 디자인 또한 미의 질서가 필요하다. 어떠한 공간이나 장소에서든 건축물과 사인의 조화는 통일성을 이루어야만 시각적으로 질서 감각을 느낄 수 있으며, 사인이 아름답고 기능적이면 도시의 이미지와 도시사용자들의 태도가 바뀐다. 사인은 단순히 정보를 알리는 목적과 함께 도시경관을 형성하고 도시이미지를 만드는 환경적 요소로서, 단순히 간판 제작자나 업무담당자들이 디자인하고 결정해서는 안 되는 도시의 중요한 시각조형물이다. 외국 여행 중에 마주친 친절하고 아름다우며 그 지역만의 개성이 잘 표현되고 감동을 주는 거리의 예술 작품과 같은 사인 시스템을 국내에서도 자주 만나고 싶은 마음은 10년 전이나 지금이나 똑같은데 아직도 그 바램은 희망사항인 것 같아서 항상 아쉬운 마음이다.

Signage design of
British style
Bristol

1, 2 _ 런던에서 기차로 한 시간 정도의 거리인 브리스톨역 근처의
대형 빌보드 광고판은 낡은 건물을 광고판으로 활용한 듯 하다.
시내의 한 건물 벽면에는 명확하게 드러나지는 않지만 고전적인
이미지의 사인이 모서리에 시공되어 있다.

3 _ 세계적으로 공공디자인이 잘된 항구도시 브리스톨에는 브리스톨 항구로 이어지는 에이번 강가의 수변공간에 위치한 페로 브릿지 혼즈 (Horned Pero's Bridge)조형물이 랜드마크의 역할을 하고 있다 . 이곳에는 거리의 악사들이 지속적으로 공연을 하고 있어 조형물의 이미지와 잘 어울리는 명소로 사랑받고 있다.

4 _ 브리스톨 곳곳에는 런던과 마찬가지로 도시사용자들을 위한 안내판들이 일정한 간격으로 설치되어 있어 Way finding 역할을 하고 있다.

1, 2 _ 세계적으로 공공디자인이 잘된 항구도시 브리스톨 곳곳에는 런던과 마찬가지로
도시사용자들을 위한 안내판들이 일정한 간격으로 설치되어 있어 Way finding 역할을
하고 있다.

3 _ 브리스톨대학교의 안내판 역시 브리스톨 시내의 안내판 구조와 같고
색상만 다른데, 주변의 정보가 간략한 그래픽으로 잘 표현되어 있다.

← Wills Memorial Building
← Geographical Sciences
Wills
PARK ROW
University of
BRISTOL
3

1, 2, 3, 4, 5, 6 _ 브리스톨 시내의 Cabot Circus거리는 현대적인 건축디자인의 아름다운 구성과 함께 개성있는 점포의 윈도우 디스플레이와 사인, 그리고 스탠딩 사인 등이 감각적이고 조화롭게 구성되어 있는 멋진 거리이다.

G
ATM
Lifts
The Circus

1, 2 _ 브리스톨 박물관의 실내 사인은 부착형이 아니고 벽면에 기댄
형태이며 각 사인마다 다른 컬러로 구성되어 있다.

3, 4, 5 _ 브리스톨 시내의 Cabot Circus거리의 바닥의 대리석에
금속 재질의 거리명이 시공되어 있다. 어느 점포의 파사드에는 은근하게
보이는 말 형상의 대형 그래픽 실사 출력물이 부착되어 있다.
아울러 브리스톨대학교 앞 거리에는 오래된 건물의 전면에 개성있는
이미지의 점포디자인이 눈길을 끈다.

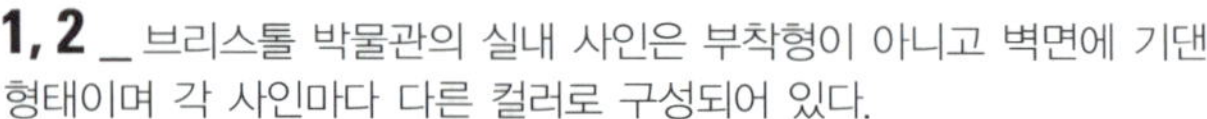

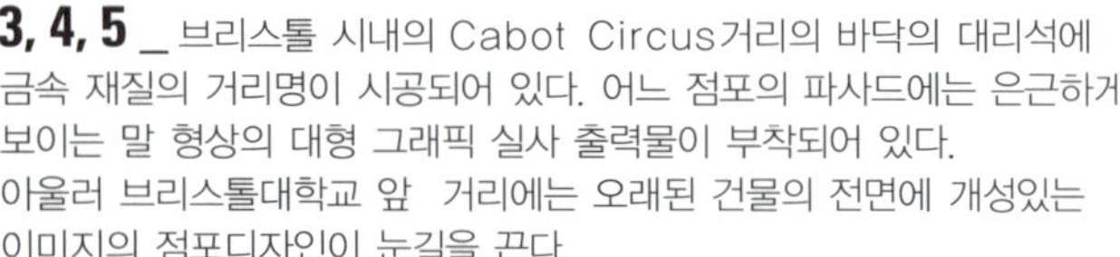

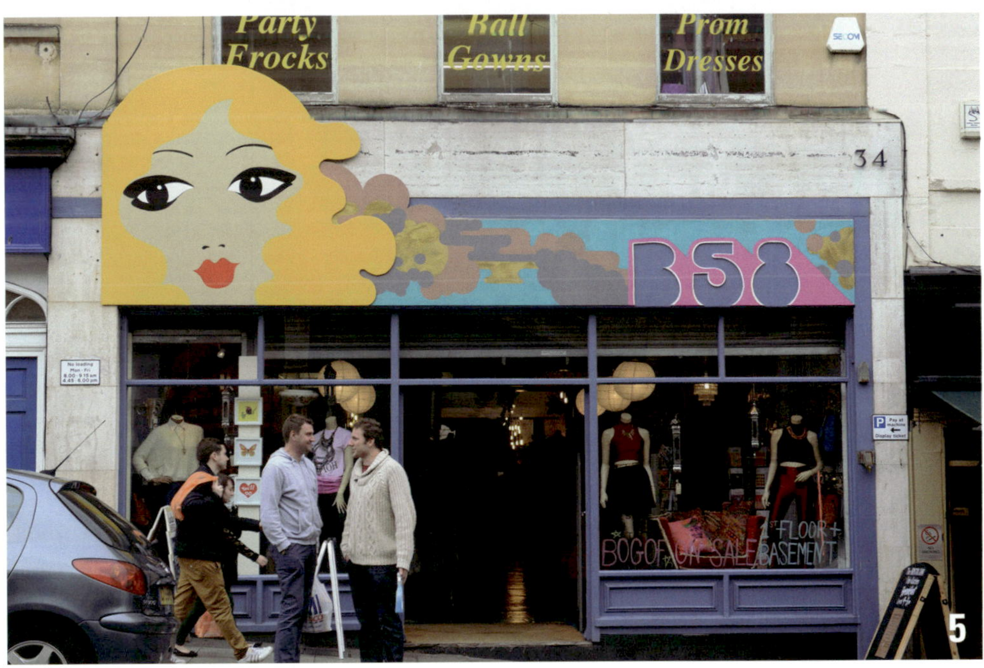

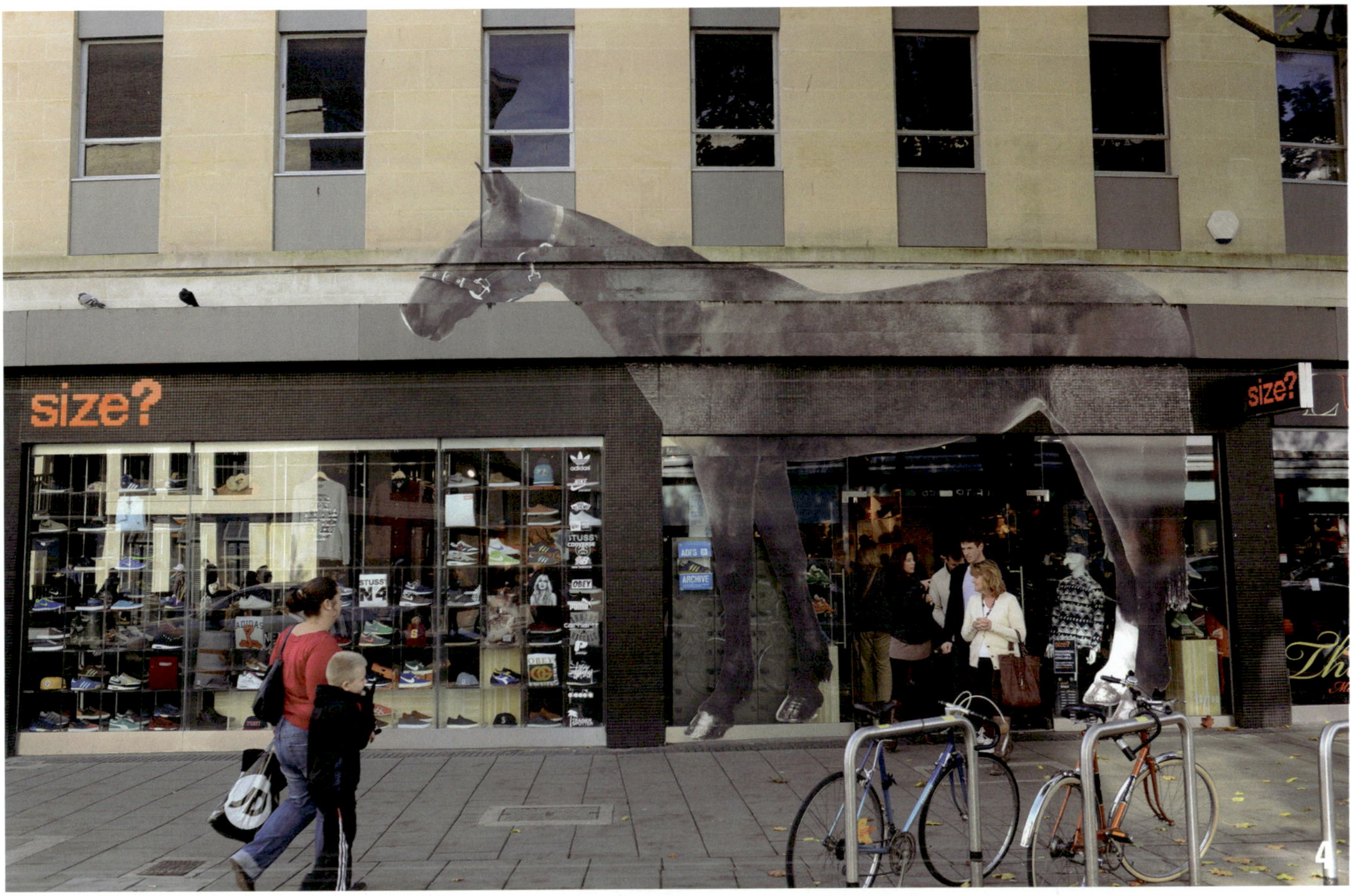
size?
size?

Party Frocks
Ball Gowns
Prom Dresses
34
BS8
BOGOF SALE
1st FLOOR + BASEMENT

1, 2, 3 _ 브리스톨대학교 앞 거리와 브리스톨 시청 앞 거리에서 본
점포들의 파사드 디자인과 단순한 구조와 명확한 컬러의 돌출간판 디자인.

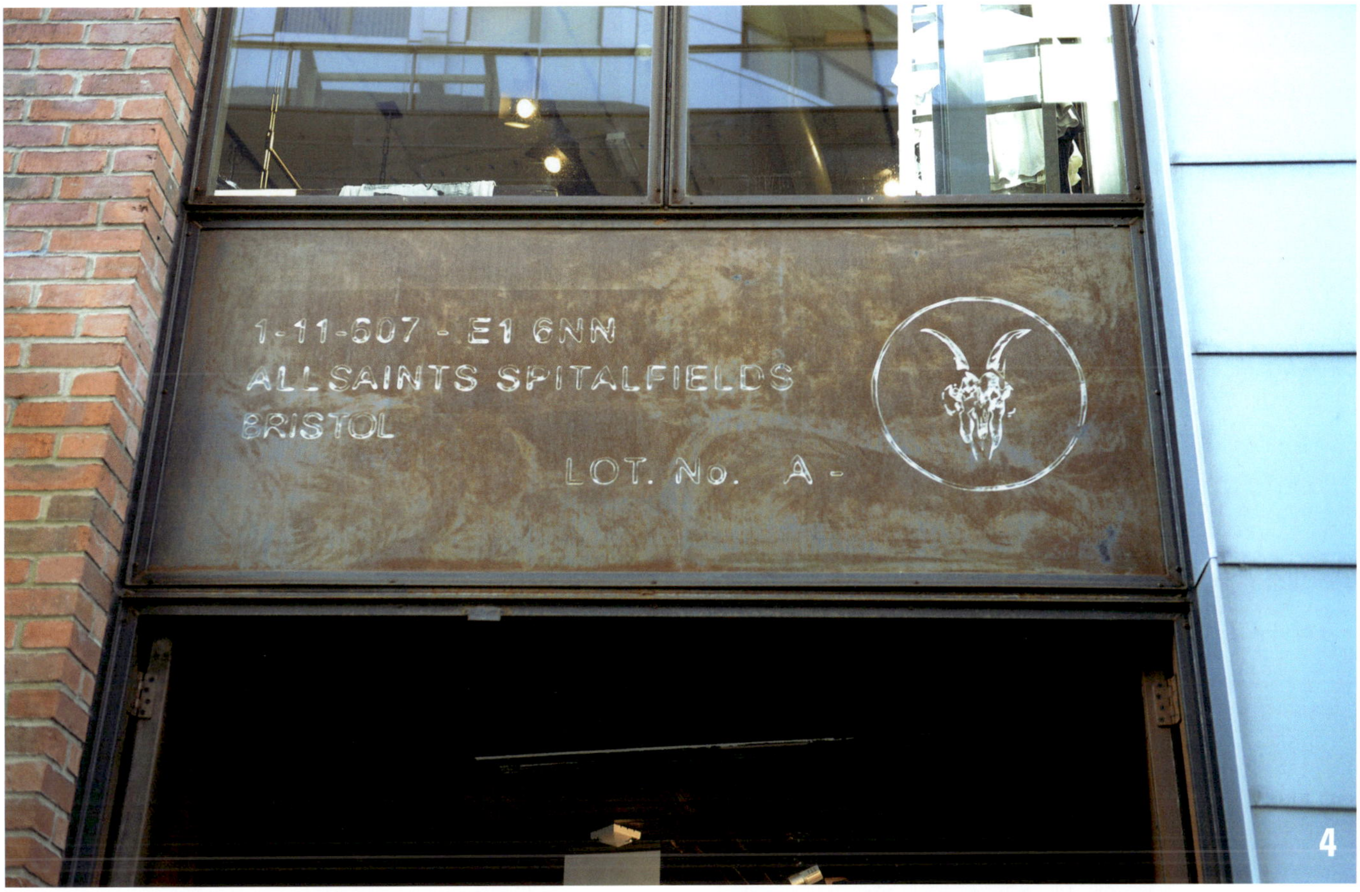

4

5

6

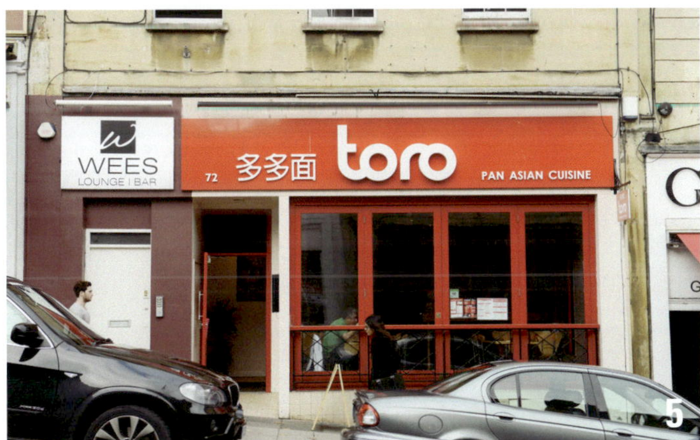

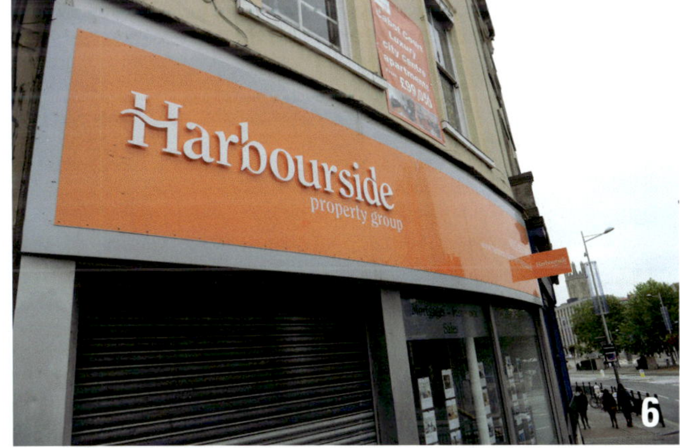

4, 5, 6 _ 브리스톨 시내의 Cabot Circus거리의 점포 사인으로 오래된 이미지를 연출하고 있다. 아울러 브리스톨대학교 앞과 브리스톨 시청 앞 거리에서 본 점포들의 파사드 디자인과 단순한 구조와 명확한 컬러로 표현되어 있다.

1 _ 브리스톨 시내의 Cabot Circus거리에는 단순한 그래픽 형태의 스탠딩 사인이 질서있게 거리를 꾸며주고 있다.

2 _ 브리스톨 항구로 이어지는 에이번 강가의 수변공간에 위치한 페로 브릿지 혼즈(Horned Pero's Bridge)조형물 앞에 위치한 점포의 고급스러운 컬러와 파사드 디자인과 사인.

3, 4 _ 브리스톨 시청 앞 거리에서 본 점포들의 파사드 디자인

5, 6, 7, 8 _ 브리스톨 시내와 브리스톨 시청 앞 거리에서 본 점포들의
파사드 디자인은 아날로그적이면서도 정감있는 빈티지 스타일로 연출하고
표현되어 있다.

1

1, 2 _ 브리스톨 시내 거리에서 본 점포들의 파사드 디자인은 고전적이며 감성적으로 정감있게 연출하고 있다.

Signage
British s

Sydney

Signage design of British style

esign of
tyle

3. 호주 **시드니**

유네스코 선정 '세계자연유산 10곳' 중 케언즈(Cairns)의 Great Barrier Reef가 포함되어있고, '죽기 전에 가봐야 할 100곳(100 places to visit before you die)'에 Great Barrier Reef와 시드니가 선정될 정도로 아름다운 자연과 인간이 지혜롭게 공존하고 있는 곳이 바로 호주이다. 호주의 가장 크고 아름다운 미항 도시 시드니(Sydney)는 현대건축의 아이콘인 오페라하우스와 Botanic Garden 등 도시 곳곳의 다양한 문화 공간이 천혜의 자연환경과 더불어 방문할 때마다 새로운 이미지로 다가오는 곳이다. 시드니에는 관광객들에게 잘 알려져 있지 않은 문화시설들이 많은데 특히, 오페라하우스 근처에 위치한 Museum of Contemporary Art, Museum of Sydney, State library NSW, State museum NSW, 화력발전소를 복합문화 예술 공간으로 리모델링하여 다양한 전시가 연중 개최되는 Power house art, 그리고 센트럴 스테이션 근처의 차이나타운에는 세계적인 해체주의 건축의 대가 '프랭크 게리(Frank Gehry)'가 디자인한 UTS대학의 기념비적인 건축물과 맞은편의 에콜로지 디자인의 주상복합건물, 센트럴 파크 등 문화예술 공간들이 다양하게 자리 잡고 있어 디자인 관련 전공자들의 눈을 즐겁게 하여준다. 자주 방문하는 호주의 3대 도시(시드니, 멜버른, 브리즈번)의 이미지가 항상 새롭게 다가오는 것은 호주의 각 주정부마다 체계적으로 관광문화 환경에 투자하는 이유도 있겠지만 무엇보다도 다양한 콘텐츠와 전시 프로그램이 영국 스타일로 지속적으로 개최되고 있기 때문이라고 보여 진다. 국가는 물론 어느 도시와 거리에도 분명 차별화된 정체성(Identity)이 존재하는데, 특화된 거리는 도시에 생명을 불어 넣을 수 있고 사인디자인은 그 거리의 활기와 이미지를 배가시켜주는 역할을 한다. 국가나 도시의 차별화를 위한 노력은 결국 '이미지'로 귀결되는데, 호주의 3대 도시들은 관광정책과 문화예술 정책의 실행 결과가 다양함의 공존과 함께 아름답고 조화로운 이미지로 연상되고 있다. 그 만큼 효율적인 도시디자인 정책집행이 지속적으로 이루어지고 있으며, 거리 곳곳의 작은 사인 하나하나가 시드니 거리의 주요 구성요소처럼 그 역할을 하고 있기 때문이라고 생각된다.

사인을 구성하는 이미지, 타이포그래피, 컬러, 재질, 형태, 조명 등 주요 요소 중 유럽이나 선진국의 차별화된 점은 디자인의 기본 개념에 충실하다는 것이다. 디자인의 BOFER이론 즉, Beauty(심미성), Originality(독창성), Functionality(기능성), Economy(경제성), Reliability(신뢰성)에 적합한 콘셉트는 기본이고, 광고 크리에이티브의 개념으로 독창성, 적절성, 완성도, 임팩트(Impact) 등의 효율적인 결과를 위한 단순하고 명료한 개념에 적합하게 실행되고 있다는 점이다. 광고제작에서 크리에이티브 요소를 독창적이고 유효적절하며 완성도 높게 구체화하기 위해서는 더욱 과학적이고 논리적인 크리에이티브 전략과 콘셉트 추출 이 필요하고, 추출된 콘셉트를 중심으로 카피와 이미지를 도출하듯이 사인제작에도 명확한 프로세스가 잘 적용된 느낌을 시드니에서 자주 마주치게 된다.

더불어 영국을 비롯한 유럽의 사인들은 '합의'와 '배려'의 측면을 고려하여 배치하고 있는 점도 우리의 현실과는 다른 점이다. 심미적인 측면과 기능적인 측면은 항상 대립되기 마련인데 중립적으로 자연스러운 조화를 추구하는 '영국스타일'의 모더니즘적 사상체계를 호주의 거리에서도 실감할 수 있다. 특히 호주의 사인들은 타이포그래피의 다양함과 컬러의 자연스러움을 잘 표현하고 있다. 간결하고 현대적이며 세련된 서체를 기본으로 원색이 아닌 중간 톤의 색상과 잘 조화된 사인들은 조형적인 완성미와 함께 아름다운 이미지를 연출하고 있는 것이다. 또한 사인이 건축물의 일부 요소로 보일만큼 전체적으로 완성도가 높고 시각적으로 편안하고 실용적인 형태로 다가오는 것은 마치 건축물과의 조화를 먼저 생각하여 개인의 이익을 절제하고 도시사용자를 먼저 배려하는 조화로움으로 연출되고 있다. 아울러 실제 거리에서 보는 사인의 이미지와 사진 상의 이미지가 호주에서 촬영한 데이터의 경우 다른 나라보다 더 맑고 깨끗한 느낌과 프린트 결과를 얻을 수 있는데, 아마도 공해 없이 깨끗한 자연환경과 맑은 군청색 톤의 하늘을 가지고 있는 호주만의 환경조건 때문이 아닌가 하고 추측해본다. 그리고 거리 곳곳의 사인들이 완성도 높은 디자인과 예술작품으로 보여 지는 것은 여유 있는 제작 기간과 프로세스, 심시숙고하여 작업한 완성도 높은 결과로 호주민의 문화 · 경제직 차이가 세계적으로 차별화된 도시의 이미지를 지속적으로 만들어가고 있다고 생각된다.

1

1, 2, 3, 4, 5, 6 _ 아름다운 항구도시이며 세계적인 건축의 아이콘인 오페라 하우스가 있는곳 시드니에는 다양하고도 멋진 문화공간들이 관광객의 눈과 마음을 즐겁게하여 준다.
그 중 현대미술관 파사드의 감각적인 타이포그래피 사인과 내부의 방화문을 활용한 기능적이고도 경제적인 내부 층별 종합안내판의 경우 브리티시 스타일 디자인의 정수를 엿볼 수 있다.

1, 2_ 달링하버 맞은편에 위치한 국립해양사박물관의 사인 시스템은 목재와 금속 재질을 조형적인 감각으로 잘 구성한 기능적인 구조를 표현하고 있다.

3_ 오페라 하우스 인근에 위치한 보태닉가든 입구에 설치되어 있는 행사안내 사인 시스템.

4_ 오페라 하우스 인근에 위치한 보태닉가든 입구에 설치되어 있는
배너형 사인 시스템.

5, 6 _ 세계적인 건축의 아이콘인 오페라 하우스 앞에 설치되어 있는
안내 사인 시스템과 내부의 사인 시스템으로 단순한 형태로 구성되어 있다.

1, 2, 3_ New South Wales주립 도서관의 웅장한 내부 전경과 함께
사인 시스템은 내부나 외부 모두 현대적이고 기능적으로 타이포그래피
형태로 표현하고 있다.

4, 5_ New South Wales주립 도서관 내부는 열람실, 서점, 갤러리, 카페 등 다양한 공간으로 구성되어 있는데, 내부 기둥을 활용한 종합안내 사인 시스템의 효율적인 디자인이 아름답다.

6_ 시드니 뮤지엄도 오페라하우스에서 시내방향으로 가까운곳에 위치하고 있는데 다양한 전시회가 연중 개최되고 있다. 아울러 전시디자인 구성도 영연방 국가들과 마찬가지로 브리티시 스타일로 같은 이미지를 전달하여 준다.

1, 2, 3_ 해변가 시드니의 명소인 Daring Harbour에는 다양한 문화공간과 즐길거리가 산재해 있는데 레드 색상을 아이덴티티 컬러로 사인 시스템을 통일하여 구성하였다.

4, 5_ 오페라하우스 근처에 위치한 페리 선착장과 지하철 역사 앞에는 지주형 안내 사인이 설치되어 도시사용자들의 시선을 사로잡는다.

6_ 차이나타운과 UTS가 위치해 있는 Central Station 근처에도 볼거리가 많은데 그 중 도로변의 한 건물에 부착되어 있는 원근감이 느껴지는 타이포그래피 사인.

1, 2_ 해변가 시드니의 명소인 Daring Harbour 근처의 Sydney Entertainment Center 사인 시스템은 기울게 설치되어 시선을 끌며, 다른 상가의 지주형 사이니지는 같은 재질과 컬러로 통일되게 구성되어 있다.

3, 4_ 시드니 시청 근처의 Town hall square 입구의 독특한 사인 시스템과 시드니 국내선 공항 점포의 컬러풀한 입구 디자인.

5

6

7

5_ 세인트 메어리 대성당의 지주형 사인으로 고급스러운 색채배열로 모든 사인이 구성되어 있다.

6_ New South Wales주립 미술관 내부의 스탠딩 사인으로 전시와 공간을 안내하고 있다.

7_ 차이나타운과 UTS가 위치해 있는 Central Station 근처에도 볼거리가 많은데 그 중 도로변의 한 모델하우스에 시공되어 있는 입체형 문자 사인.

1, 2, 3, 4_ 시드니 시내 곳곳에는 다양한 형태와 질감, 재질의 사인들이 제각기 개성을 드러내고 있다.

5_ Central Station 근처에 위치한 UTS(University of Technology Sydney)의 외부 윈도우에 패턴과 타입이 시공되어 있는데 내부에도 같은 형태로 구성되어 있다.

6, 7_ 보통 국내 CHANEL 매장의 경우 백화점이나 면세점 등 실내에 위치해 있는데 시드니의 중심가에서 본 매장의 경우는 각관으로 형태를 만들어 조형미를 강조하고 있다. 그리고 어느 오피스한 빌딩의 1층에 자리한 카페의 세로형 타입구조와 조형적인 패턴이 독특한 돌출사인.

Citicafe

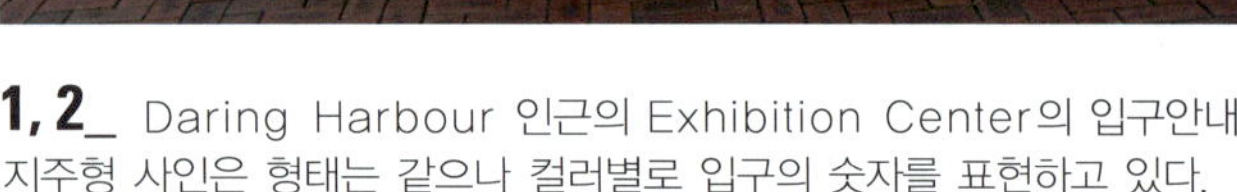

1, 2_ Daring Harbour 인근의 Exhibition Center의 입구안내 지주형 사인은 형태는 같으나 컬러별로 입구의 숫자를 표현하고 있다.

3_ 오페라하우스 근처에 위치한 The Rocks Discovery Museum의 사인은 건물 벽면에 녹슨 철판재질을 활용한 단순한 형태로 표현되어 있다.

4, 5, 6_ 시드니 중심가에 위치한 the galeries 건물에는 다양한 업종의 점포들이 입주해 있는데 1층 입구의 종합안내 사인과 돌출사인이 단순하지만 고급스럽게 구성되어 있다.

1, 2, 3_ Daring Harbour의 상가에서 본 아이스크림 브랜드의
레드 컬러 돌출사인과 지주형 사인.
우리의 기술전문대학과 같은 시드니 TAFE 캠퍼스 건물 측면에 시공된
문자형 사인의 모습. 시내의 점포들 가운데 철제 빔을 활용한 카페사인은
독특한 재질감으로 표현되어 있다.

4

5

6

4_ 시드니 국내선 공항의 어느 와인판매 점포는 스탠딩 사인을 그림
액자와 이젤을 활용하여 고급스러움을 강조하고 있다.

5_ Central Station 근처에 에콜로지 디자인의 주상복합 건물의
뒷편에는 넓은 잔디공원이 있는데 그 주상복합 건물의 브랜드 네임을
소방시설과 함께 배치하였다.

6_ 시드니에서 본 사인 디자인 중 건축 디자인과 함께 잘 조화된
사인 작품 중 하나로 건물번지 숫자의 형태를 타입과 일러스트레이션
이미지로 표현한듯한 인상깊은 디자인이였다.

1_ 시드니 오피스 빌딩 사이에서 본 사인으로 중국 스타일의 전통 이미지를 단순한 형태와 질감으로 잘 표현한 작품이다.

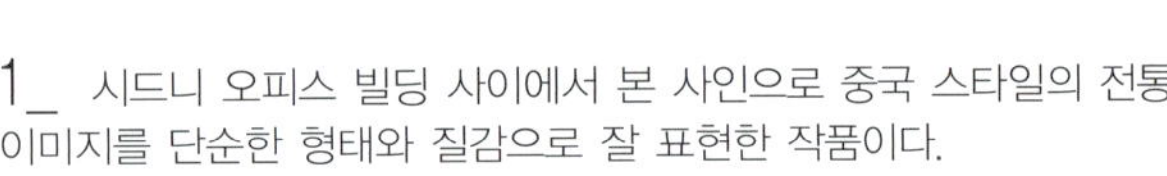

2_ 어느 오피스 빌딩은 하부에 탁 트인 구조물 형태로 되어있는데 기둥을 무빙 디지털 사인으로 시공하여 보행자들의 시선을 사로잡는다.

3 _ 타차이나타운의 어느 오피스텔 입구의 로비 벽면은 단순하지만 간결한 타이포그래피 형태로 구성되어 있어 조형적인 아름다움을 표현하고 있다.

4_ 시드니 자연사박물관의 내부 사인으로 벽면 모서리를 활용한 구조와 배경 컬러의 조화, 그리고 픽토그램을 활용한 정보 그래픽은 현대적인 느낌을 전해준다.

5_ Central Station 근처에 위치한 UTS(University of Technology Sydney)의 외부 안내 사인으로 명확한 컬러와 그래픽으로 구성되어 명시성이 뛰어난 디자인이다.

Signage

British s

Melbourne

Signage design of
British style

esign of
tyle

4. 호주 **멜버른**

오스트레일리아 남동부, 빅토리아 주(州)의 주도(州都)인 멜버른(Melbourne)은 시드니 다음가는 오스트레일리아 제2의 도시이다. 오스트레일리아에서 인구 밀도가 가장 높은 빅토리아 주의 정치 · 경제 · 문화 · 레저 · 스포츠의 중심지이며 의사당, 관공서, 대형 빌딩들이 도심부에 집중되어 있다. 신 · 구의 건물이 넓은 캠퍼스에 조화롭게 배치되어 있는 멜버른 대학, 독특한 건축물과 사인이 아름다운 RMIT(Royal Melbourne Institute of Technology) 대학, 교외의 모나시(Monash) 대학 등 세계적으로 유명한 대학들이 많이 모여 있는 곳이기도 하다. 또한 세계에서 가장 살고 싶은 도시 중 최상위에 매년 이름을 올리며, 다양한 문화시설과 국제적인 행사가 많이 개최되는 진정한 의미의 '문화도시'이다. 주요 관광지로는 프린세스 극장(공연장), 멜버른 루나파크, 피츠로이 가든 (공원 · 정원), 구 멜버른 감옥, 쿡 선장의 집, 이민박물관, 멜버른 박물관, 세인트패트릭 성당, 왕립식물원, 빅토리아 국립 미술관, 멜버른 전망대 등이 유명하다. 특히, 각종 문화시설들이 인접해 있는 페더레이션 광장 (Federation Square)의 모던한 건축물은 독특한 공공디자인 구성과 함께, 맞은편의 오래된 유러피안 느낌의 역 (Flinders Street Station)은 멜버른의 가장 상징적인 건물로 랜드마크 역할을 하고 있다. 아울러 이곳은 부조화의 조화(?)를 이루고 있는데 멜버른만의 감성을 한 번에 느낄 수 있는 곳이기도 하다. 페더레이션 광장 주변에는 아름답고 실용적인 각종 사인들이 다양한 형태와 컬러, 감각적인 타이포그래피 표현과 함께 다양함의 조화를 보여주고 있다.

멜버른의 시내 곳곳에는 호주에서 가장 개성적이고 아름다우며 실용적인 형태의 사인들을 많이 볼 수 있다. 다양한 재질과 구조, 형태의 조형성은 물론 건물과 배경의 적절한 배치가 효율적으로 구성되어 있다. 현대적인 감각의 사인들은 실외는 물론 건물 실내의 1층 로비에서 더 큰 역할을 하고 있는데, 호주의 경우는 건물의 명칭을 거리의 번지수로 표현하고 있다. 숫자를 활용한 다양한 형태의 타이포그래피 이미지들이 마치 조형 예술작품 처럼 건물 로비에 설치되어 있어, 삭막한 도시환경에 신선한 이미지를 연출하고 있다. 유럽과 마찬가지로 문화 도시 멜버른의 잘 디자인된 사인은 거리의 예술작품으로 도시 사용자들에게 다가온다. 멋진 사인들이 단순히 기호나 정보전달 미디어의 결과물이 아니라 그 도시와 지역의 문화를 드러내는 문화예술품의 기능을 보여주고 있듯이 멜버른의 사인들도 본연의 역할은 물론 거리의 고품격 이미지로 시선을 끈다.

아울러 멜버른은 카페문화의 메카라고 할 정도로 골목마다 많은 카페들이 성업 중이다. 좁은 골목을 지나다니는 사람들과 가게 사이와 골목 곳곳에 그려져 있는 다양한 그래피티(Graffiti:낙서화, 스트리트 아트라고도 한다)는 볼거리 가득한 멜버른의 또 다른 문화적 이미지들을 보여주고 있다. 예전에 국내의 유명했던 드라마가 촬영되어

'미사골목'으로 사랑받는 장소가 있듯이 그래피티를 도시디자인의 구성요소로 잘 활용하고 있다. 지저분한 골목을 관광객들이 찾는 장소로 변신시키는 작업은 지금도 진행 중이다. 예술과 문화를 관광 산업화하여 도시의 이미지를 변모시키는 합리적인 국민성과 정책은 효율적인 스페이스 마케팅(Space Marketing)이나 플레이스 브랜딩(Place Branding)이라고 생각된다. 국가, 도시, 거리, 건물, 매장 등 모두가 스페이스라는 영역 안에서 이루어지는 스페이스 마케팅은 전 세계의 다양한 공간들이 도시와 장소를 상징하면서 방문객을 불러 모은다. 멜버른 역시 도시방문객들에게 입체적 경험을 바탕으로 국제적으로 명성을 얻은 다양한 문화 마케팅 전략을 시행하고 있다. 그러한 입체적 경험의 중요한 영역인 도시디자인에서 사인의 중요성(경관, 조형미, 정보, 커뮤 니케이션 등)이 가장 큰 부분을 차지하고 있는데, 멜버른 도시 곳곳의 아름답고 효율적이며 독특한 사인들이 도시의 환경을 아름답게 연출하고 있다. 아울러 일반적인 상업공간에서 적용되는 광고 전략인 AIDMA(Attention _관심, Interest_흥미, Desire_욕망, Memory_기억, Action_구매행동) 원칙을 도시디자인에 잘 적용하고 있다는 느낌이다. '좋은 디자인이 마케팅이다'라는 말과 같이 도시디자인이 잘된 멜버른의 이미지는 전 세계인들에게 다시 찾고 싶은 도시로 영원히 기억될 것이다.

1, 2_ 멜버른 스타디움 근처의 작은 상가 앞에 세워진 조형물 형태의 사인으로
도형 그래픽을 현대적으로 잘 표현하고 있다. 아울러 Flinders St Station앞 광장의
종합안내 디지털 사인으로 각종 문화시설들의 정보와 위치를 알려주는 조형적이며
감각적인 구성의 지주형 사인이다.

Flinders St Station
River Terrace
Federation Wharf
River Terrace
Federation Wharf
The Square
Deakin Edge
ACMI
Atrium
NGV Australia
Yarra Building
Toilets
APPRECIATES
MELBOURNE
NOW

1, 2, 3_ SOUTHBANK THEATRE의 기하학적인 건축 외관과 입체 조형사인은
검정과 흰색의 강한 대비로 더 멋진 모습이다. Flinders St Station앞 광장 주변에는
각종 문화시설들이 모여 있는데 조형적인 타입 사인의 이미지를 연출하고 있다.
특히 acmi의 외부형 지주형 사인 측면의 화려한 컬러배치와 정보안내, 내부의 사인도
같은 컬러와 독특한 형태로 구성되어 있다.

acmi
AUSTRALIAN
CENTRE FOR
THE MOVING
IMAGE
FINAL WEEKS!
Spectacle
the music video
exhibition

1, 2, 3_ 어느 오피스 빌딩의 내부 기둥을 활용한 사인으로 기둥의
컬러와 나무의 질감, 타입 배열이 잘 어울리는 구성이다.
Southern Cross Station 옆에 위치한 아울렛 매장의 단순하지만 명확한
정보를 보여주는 안내사인.
해변가에 위치한 세관 건물에는 입체형 문자사인이 설치되어 있다.

4, 5, 6_ Southern Cross Station 옆의 계단은 다른 지역을 관통하는 보행공간으로로 종합안내 사인이 설치되어 있다.
거리 곳곳에는 다양한 형태의 입체형 사인이 저 마다의 개성과 컬러로 거리의 활력소 역할을 하고 있다.

1, 2, 4_ Southern Cross Station 근처의 오피스 빌딩에는 입체적인 다양성을 보여주는 현대적인 지주형 사인이 보는 각도에 따라 독특한 형상으로 표현된다.

3_ 호주에는 세계적으로 유명한 대학들이 많이 있다. 그 중 RMIT(Royal Melbourne Institute of Technology)는 멜버른 시내에 위치하고 있으며 독특한 건축디자인과 함께 조형적이고 감각적인 사인들이 잘 배치되어 있다.

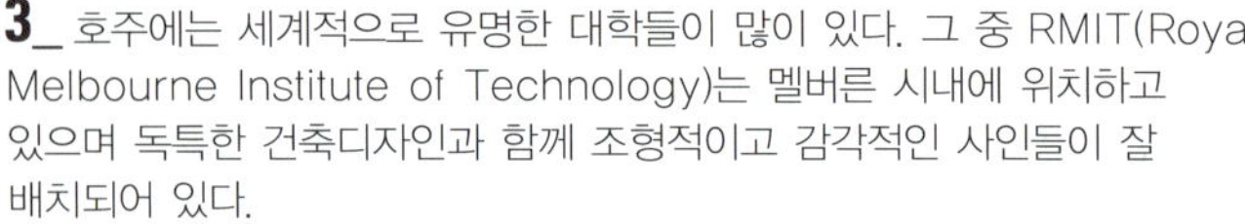

Podium
Podium
4
4
Ground Lobby
Access to Levels 11–17
Financial Ombudsman Service
AIG Australia Limited
BP Australia
Aurora Lane
Bourke Street
Hotel Travelodge
South Office
Level 4
Podium Lobby
Private Property
No skateboarding
or bike riding

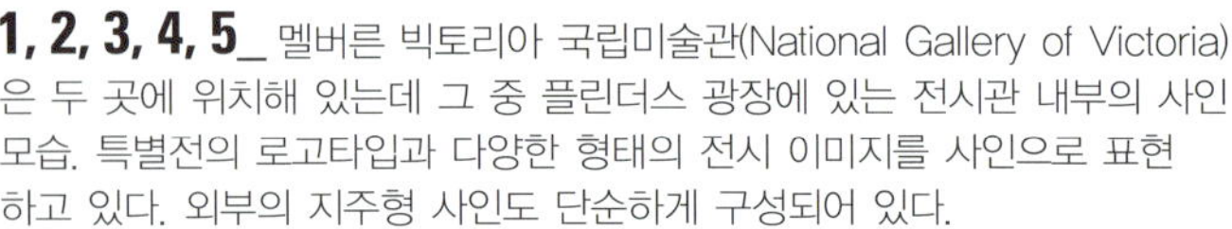

1, 2, 3, 4, 5_ 멜버른 빅토리아 국립미술관(National Gallery of Victoria)
은 두 곳에 위치해 있는데 그 중 플린더스 광장에 있는 전시관 내부의 사인
모습. 특별전의 로고타입과 다양한 형태의 전시 이미지를 사인으로 표현
하고 있다. 외부의 지주형 사인도 단순하게 구성되어 있다.

MEL
BOU
RNE
NOW

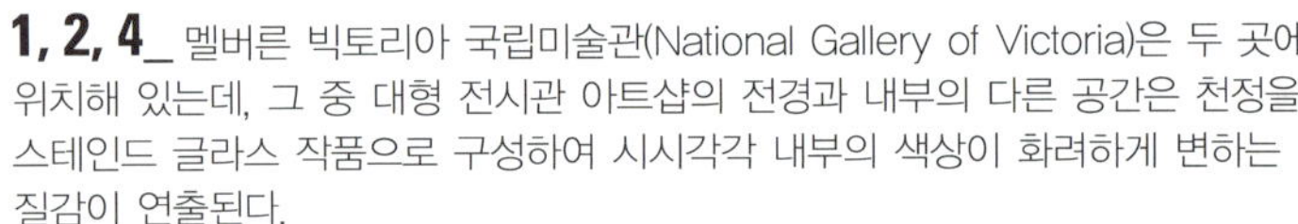

1, 2, 4_ 멜버른 빅토리아 국립미술관(National Gallery of Victoria)은 두 곳에 위치해 있는데, 그 중 대형 전시관 아트샵의 전경과 내부의 다른 공간은 천정을 스테인드 글라스 작품으로 구성하여 시시각각 내부의 색상이 화려하게 변하는 질감이 연출된다.

3_ Flinders St Station앞 광장에 있는 빅토리아 국립미술관 전시관의 아트샵의 문 손잡이는 타이포그래피 이미지로 레이저 커팅된 금속 재질로 제작되어 현대적인 트렌드의 미술작품을 전시하는 미술관의 특징을 잘 표현하고 있다.

UOY
ARE
CHATTER
WHO
SUBSTANCE
HOME
WILD

1, 2_ Southern Cross Station 근처의 상가 건물에는 상가 브랜드를 문자 조형 작품화하여 시공해 놓았다. 그 근처 스타디움에 위치한 오피스 빌딩의 1층 로비 유리면에 건물 번지수를 형상화한 감각적인 사인.

3_ 야라강 주변에 위치한 복합문화 공간인 Hamer Hall의 원통형 입체조형 사인이 멋진 자태를 뽐내고 있다.

Hamer Hall
Hamer Hall
Arts
Centre
Melbourne
RSEA
HIRE
132 100

1, 4_ 멜버른의 초고층 빌딩 근처에 위치해 있는 카페의 멋진 타이포그래피 사인으로 감각적인 형상으로 색다른 이미지를 전달해준다.

2, 3_ 멜버른 시내 곳곳에는 조형성은 물론 디자인 원리에 충실한 사인을 자주 만날 수 있으며 타이포그래픽적인 형태도 가끔 볼 수 있다.

BELGIAN BEER CAFE
BELGIAN BEER CAFE
5 Riverside Quay

1, 2, 3 _ 멜버른 RECITAL CENTRE의 독특한 패턴형 건축과 어울리는
타입형 입구 사인과 초고층 빌딩 근처에 위치해 있는 카페의 멋진 타이포
스트레이션(Type+Illustration) 사인으로 감각적인 형상으로 색다른
이미지를 전달해준다.
호주 방송국 채널 7의 멜버른 사옥 앞에는 숫자 조형물이 설치되어 있어
보행자의 시선을 끈다

4 _ 야라강 주변의 복합상가 건물인 River Side Quay의 사인은
우드와 메탈을 소재로 멋진 조형미를 표현하고 있다.

mirvac
River
Side
Quay
Q1 > 1 Southbank Boulevard
Q2 > 4 Riverside Quay
Q3 < 6 Riverside Quay
4

1, 2, 3_ 플린더스 광장 옆에 위치한 YARRA BUILDING의 감각적인 형태의 지주사인과 Melbourne Convention & Exhibition Centre의 외부 지주사인 모습. 그리고 플린더스 광장 앞에는 대형 디지털 전광판이 다양한 광고와 이미지를 연출하고 있다.

4, 5_ Melbourne Convention & Exhibition Centre의 구관은 기울어진 건축구조와 어울리게 입구마다 숫자를 활용한 타이포그래피 이미지로 구성되어 있다.

6_ 대부분의 오피스 빌딩마다 로비에는 번지수를 활용한 타입형 사인이 다양한 이미지로 연출되고 있다.

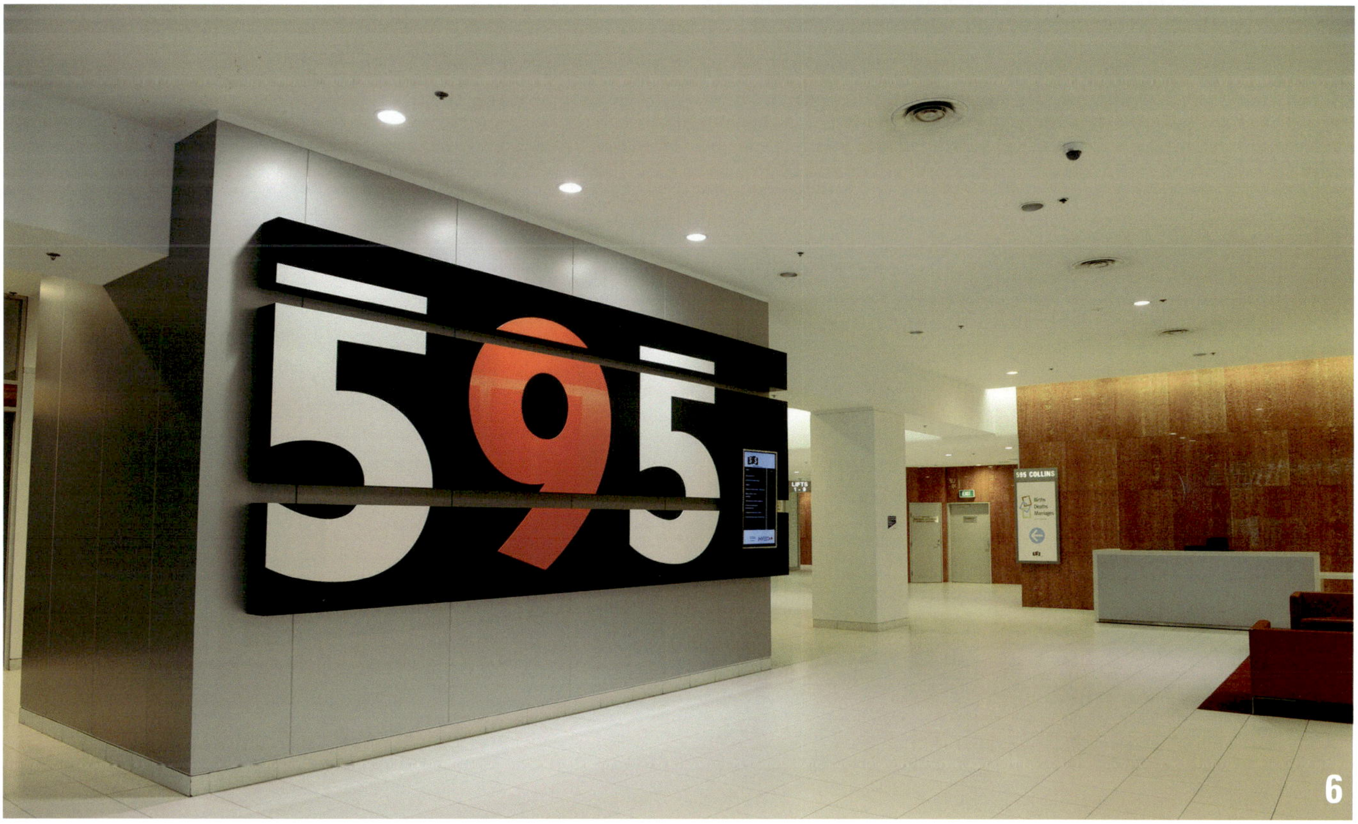

1_ 멜버른 컨벤션센터 근처에 위치한 월드 트레이드 센터는 호텔,
레스토랑, 관공서 등이 복합적으로 모여있는 곳으로 내부는 물론 입구도
차별화된 타이포그래피 사인으로 색다른 이미지를 전달해준다.

2, 3_ 멜버른 시내 곳곳에는 조형성은 물론 디자인 원리에 충실한
사인을 자주 만날 수 있으며 간결한 타이포그래피 형태도 자주 볼 수
있다.

4_ 멜버른 이민박물관의 전면 입구 사인은 계단의 구조를 자연스럽게 활용한 구조로 설치되어 안정감을 주며 컬러도 레드톤과 흰색 글씨의 대비가 자연스럽게 어울리는 디자인이다.

5, 6_ Southern Cross Station 옆에 위치한 현대적인 건물의 Media House의 사인은 흰색 구조와 패턴을 잘 배치하여 독특한 질감을 연출하고 있다.
중심가에 위치한 멜버른 시립도서관의 입구는 보통 건물과 같은데 그 입구에 단순하게 설치한 사인의 패턴은 유명한 멜버른 브랜드 아이덴티티 패턴으로 구성하였다.

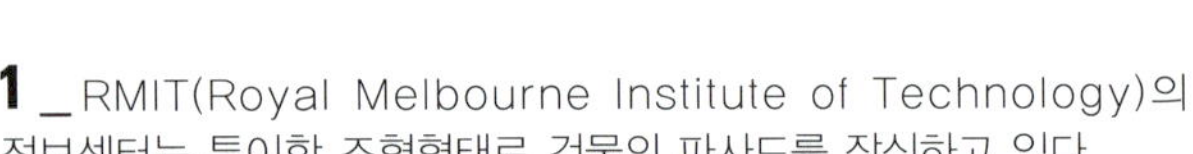

1 _ RMIT(Royal Melbourne Institute of Technology)의
정보센터는 특이한 조형형태로 건물의 파사드를 장식하고 있다.

2, 3 _ 멜버른 중앙역과 같이있는 대형 쇼핑몰의 사인은 아날로그적인
조형성과 재질로 친근함은 물론 단순한 이미지로 정보를 전달하여 준다.

4 _ Flinders St Station앞 광장 주변의 acmi의 내부 사인도
외부와 같은 컬러 패턴으로 구성되어 있다.

5 _ 500 BOURKE STREET 건물의 1층 입구에 설치되어 있는
사인은 보는 각도에 따라 다양한 조형미를 보여주는 기하학적이고
아름다운 구조로 디자인된 작품이다.

nab
500 BOURKE STREET
ISPT
SUPER
PROPERTY
5

Signage
British s

Brisbane

5. 호주 **브리즈번**

호주대륙에서 세 번째로 큰 규모의 도시이며 퀸즈랜드(Queensland) 주도(主都)인 브리즈번(Brisbane)은 화창한 아열대 기후와 독보적인 자연의 아름다움을 갖춘 현대적이고 생동감 넘치는 도시이다. 남쪽으로는 1시간 거리의 세계적인 휴양지 '골드코스트(Gold Coast)'의 황금빛 모래 해변이 아름답게 펼쳐져 있으며, 주변에는 누사, 선샤인 코스트 등 아름답고 유명한 관광명소가 많이 산재해 있다. 브리즈번 시내를 관통하고 있는 브리즈번 강가에 위치한 사우스 뱅크(South Bank)에는 다양한 종류의 엔터테인먼트와 레크리에이션, 인공 해변 등 각종 레저 활동이 가능하여 많은 시민들과 관광객들이 자주 찾는 곳이다. 또한 레스토랑, 카페, 부티크, 박물관 및 갤러리들이 모여 있다. 특히, 호주 최대의 갤러리 GOMA(Gallery of Modern Art)와 퀸즈랜드주의 대표 미술관인 퀸즈랜드 아트 갤러리(Queensland Art Gallery)는 호주 미술의 글로벌한 다양성을 수준 높은 전시회를 통해 정기적으로 보여주고 있다. 아울러 세계 2-30위권의 UQ(University of Queensland)대학은 아름다운 캠퍼스와 함께 UQ미술관에서는 다양한 작품들을 주기적으로 전시하고 있다. UQ는 방문한 대학들 가운데 가장 기능적이고 효율적인 사인 시스템을 캠퍼스 곳곳에서 만날 수 있었다.

브리즈번을 비롯한 호주 사인 디자인의 특징은, 다양한 재질과 조형구조, 감각적인 디자인 표현, 그리고 어려서 부터 잘 교육된 국민들의 미적인 감각이 생활 속에 내재되어 있는 다원화 사회 속의 질서 있는 표현이라고 요약할 수 있다. 호주 도시들의 거리 환경사인을 자세히 살펴보면, 국내처럼 난잡한 플래카드와 대형사인, 그리고 유리창에 시트를 이용한 광고는 철저하게 규제된다. 작지만 건축물과 잘 조화된 도시의 사인들은 시각적으로 인정되고 아름다운 도시환경을 만들어나가는 핵심 요소의 역할을 하고 있다. 또한 건물을 표시하는 주소인 숫자를 중심 으로 다양한 타이포그래피 질감을 연출하고 있는데, 이러한 조화롭고 아름다운 도시의 사인 환경은 어려서부터 미적 · 디자인적인 교육과 함께 생활 속에서 영국 스타일의 문화적인 교육과 영향 때문이라고 생각된다. 아울러 우리의 전문대학에 해당되는 TAFE(Technical and Further Education)에는 다양한 직업교육 과정 중 Sign Industry Design 이라는 2년제 교육과정이 개설되어 있다. 이 과정은 사인 디자인 교육과 실무 프로세스를 최신 교육 기자재와 완벽한 교육환경아래 진행하고 있다. 또한 주정부내에 도시환경과 예술 · 건축물을 심의하고 설치하는 주관부서에서는 유기적이고 효율적으로 도시환경을 관리하고 있다. 이러한 관, 산, 학이 유기적으로 연관된 체계적인 프로세스의 조화로움이 호주 도시의 거리환경을 아름답게 만들고 있는 가장 중요한 요소라고 생각된다.

아울러 2010년 이후 매년 방문하는 브리즈번의 거리를 걷다보면 공공사인의 정기적인 디자인 업그레이드는 물론 유니버설 디자인이 잘 적용된 공공디자인의 모범도시라고 생각된다. 유니버설디자인은 연령과 성별, 국적(언어), 장애의 유무 등에 관계없이 처음부터 누구에게나 공평하고 사용하기 편리한 제품, 건축·환경, 서비스 등의 구현을 의미한다. 즉, 인간의 존엄성과 평등을 실현할 수 있는 21세기의 창조적 패러다임이라고 할 수 있으며, '인간을 위한다'는 철학을 새롭게 부흥시킨 디자인의 개념이다.(경기도, 유니버설 디자인 매뉴얼)

지금까지 도시의 계획과 발전은 주로 남성에 의해 남성의 관점으로 설계되고 형성되어 왔다. 따라서 도시계획, 도로, 교통, 문화 등 다양한 분야에서 여성의 시각과 아동, 노인계층 등 사회적 약자들의 경험이 반영된다면, 모두가 일상적인 삶에서 체감할 수 있는 평등한 생활환경 조성도 가능할 것이다. 유니버설 디자인의 4가지 원칙은 기능적 지원성(Supportive design), 수용성(Adaptable design), 접근성(Accessive design), 안전성(Safety oriented design)이며, 7가지 원리는 공평한 사용, 사용상의 융통성, 간단하고 직관적인 사용, 쉽게 인지할 수 있는 정보, 오류에 대한 포용력, 적은 물리적 노력, 접근과 사용을 위한 크기와 공간으로 구분해볼 수 있다.(이언숙, 유니버설 디자인2) 이 가운데 여러 부분이 도시사용자를 위한 정보제공과 시각적 관점에서 사인의 중요성이 더욱 더 강조되고 있다. 이런 점에서 브리즈번의 공공사인 시스템은 전체 호주의 사인 디자인의 트렌드를 선도하고 있다는 느낌을 갖게 된다. 우리의 정책과 실행은 선진국에 비해 항상 일관성과 합리성이 부족한 것이 현실이다. 미래를 위하여 지속가능하고 살기 좋은 환경에 대한 욕구가 절실히 요구되고 있는 지금, 우리는 보다 적극적으로 유니버설 디자인이 적용된 도시를 만들어 가야한다.

Bicentennial Bikeway

1 _ 최근에 사우스뱅크 문화공간에 세워진 브리즈번 브랜드 대형 입체 조형사인으로 전 세계적으로 유명한 네덜란드 암스테르담의 입체 조형사인의 영향으로 세운것 같다.

2 _ 브리즈번 시내를 가로지르는 브리즈번강 주위에는 각종 문화시설은 물론 자전거 도로와 조깅로가 잘 설치되어 있는데 자전거전용 도로 안내사인.

3_ 브리즈번광장의 상징 사인은 단순한 형태로 기울게 설치되어 시선을 끈다.

4_ 시내 곳곳에는 다국어로 된 방향안내 사인이 많이 설치되어 있어 관광객은 물론 도시사용자들에게 중요한 정보안내자의 역할을 하고 있다.

1 _ 브리즈번 강가 사우스뱅크에 위치한 호주국영방송 ABC 사옥으로 전면의 입체문자와 함께 디지털 사이니지로 구성되어 있다.

2, 3 _ 퀸즈랜드주 외곽 지역이나 브리즈번 시내에도 각 지역을 상징하고 나타내는 커뮤니티 사인이 그 지역의 이미지나 스토리를 표현하고 있다.

4, 5 _ 시내 Botanic garden과 함께 위치하고 있는 아름다운 환경의 QUT (Queensland University of Technology)의 입구 대형사인은 벤치를 겸한 실용적인 구조로 제작되어 있다. 그리고 캠퍼스 내의 다른 사인도 게시판 겸용으로 활용되고 있다.

6 _ 브리즈번 시내 근처의 한 쇼핑센터 입구의 사인 구조도 나무와 자연석을 이용하여 모던하게 제작되어 있는데 이 역시 벤치기능을 겸한 형태이다

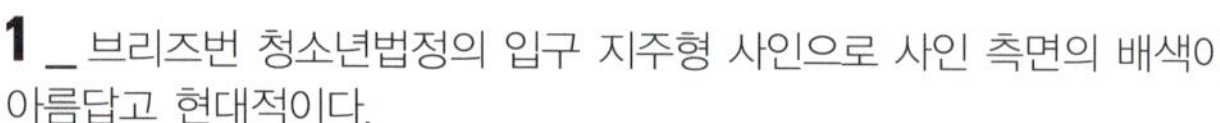

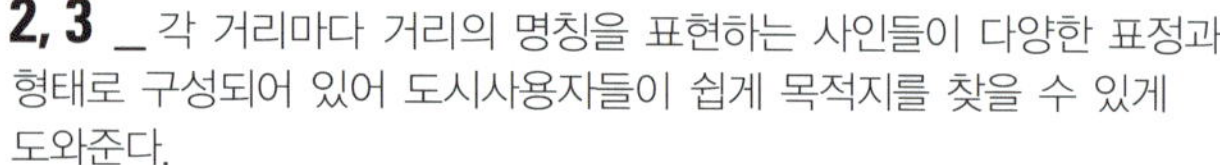

1 _ 브리즈번 청소년법정의 입구 지주형 사인으로 사인 측면의 배색이 아름답고 현대적이다.

2, 3 _ 각 거리마다 거리의 명칭을 표현하는 사인들이 다양한 표정과 형태로 구성되어 있어 도시사용자들이 쉽게 목적지를 찾을 수 있게 도와준다.

4 _ 사우스뱅크 문화공간에 세워져있는 입체형 정보안내판은 행사를 알리는 포스터의 게시판 기능과 위치안내 등 다목적 기능으로 제작되어 있다.

5 _ 그리피스대학교는 전공별로 여러곳에 캠퍼스가 있는데 그 중 예술문화 관련학과는 사우스뱅크 캠퍼스에 모여 있다. 아름다운 브리즈번강 옆에 위치하고 있어 다른 문화관련 시설과 전시, 공연 등 실무적인 기능을 담당하고 있는 그리피스대학의 공연장 지주형 안내사인.

6 _ 브리즈번 컨벤션센터 옆에 자리하고 있는 카페의 외부 사인.

1, 2 _ 호주에는 세계 50위권 내의 대학들이 여러 곳 있는데 그 중 UQ(University of Queensland)의 새로운 사인 시스템은 재질과 형태, 컬러 배치에서 단연 돋보이는 실용적 아름다움을 표현하고 있다.

3 _ 브리즈번 시내의 지하 공중화장실 안내 사인으로 건축적 조형미와 잘 어울리게 픽토그램 형태로 디자인되어 있다.

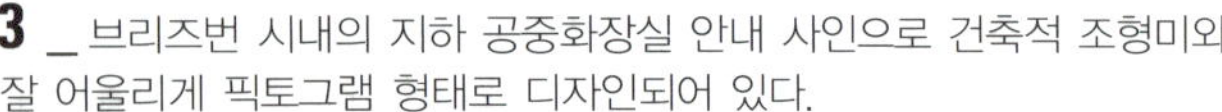

4, 5 _ UQ (University of Queensland)의 새로운 사인 시스템은 단과대학별, 용도별로 약간씩 다른 형태와 컬러로 구분되어 있으나 전체적으로는 대학의 통일된 이미지를 전달하여주는 형태로 구성되어 있다.

6 _ UQ(University of Queensland)의 메인 캠퍼스인 ST LUCIA CAMPUS 입구의 대형 사인.

1, 2, 3 _ 공공디자인 관점에서 브리즈번은 세계에서 손꼽히는 도시로 지속적으로 가꾸어가고 있다. 시내 곳곳의 빌딩마다 디자인 측면에서 가장 이상적이고 완벽한 사인작품을 제작하여 설치하고 있다는 느낌을 갖게하는 지주형 안내사인과 입체문자 사인.

4, 6 _ 로마 스테이션 옆에 위치한 도심공원인 Roma Street Parkland의 입구에는 지주형 사인과 입체 문자형 사인이 설치되어 있다. 공원에 대한 다양한 정보는 물론 금지사항 등이 상세히 설명되어 있다. 퀸즈랜드주의 많은 공원 입구에는 통일된 디자인과 규격, 색상의 공원, 체육시설 사인이 설치되어 있어 도시사용자들이 한눈에 공원과 체육시설임을 알 수 있다.

5 _ 최근에 개원한 아동전문병원의 입구 지주형 사인으로 퀸즈랜드 주정부가 운영하는 대규모 시설이다. 독특한 건축 외관은 물론 인테리어나 내부 사인 시스템도 아름다우며 어린이 눈높이에 맞추어 잘 디자인되어 있다.

1, 2, 3 _ 최근에 개원한 아동전문병원은 퀸즈랜드 주정부가 운영하는
대규모 시설이다. 독특한 건축 외관은 물론 인테리어나 내부 사인 시스템도
아름다우며 어린이 눈높이에 맞추어 기능적으로 잘 디자인되어 있다.
최근에 본 건축, 인테리어, 사인 디자인 중 단연 돋보이는 작품이었다.

4, 5 _ 브리즈번 시내 중심가의 점포 앞 소형 지주사인과 대형 입체 조형 사인으로 제각기 색다른 개성을 표현하고 있다.

6, 7 _ 브리즈번에서 한 시간 거리인 골드코스트에 새롭게 문을 연 대형 쇼핑몰의 내부 중앙에는 내형 니시털 사이니시가 나방한 이미시를 보여수고 있으며, 영화관 체인점의 로고도 색상대비가 강하게 구성되어 있다.

1, 2 _ 브리즈번 국제공항의 hudsons coffee는 다양한 패턴의 타일표면과 기하학적인 구조로 사용자들의 시선을 사로잡는다. 아울러 골드코스트의 대형 쇼핑몰의 외부의 방향안내 사인의 측면은 컬러풀한 LED 조명이 단조로움을 탈피한 디자인으로 구성되어 있다.

3, 4 _ 브리즈번 시내에서 본 단순하지만 명확한 정보를 나타내는 사인들.

5, 6, 8_ 브리즈번에서 한 시간 거리인 세계적인 관광휴양지 골드코스트는 관광명소에 걸맞게 기능적이고 현대적인 사인 시스템을 자주 만날 수 있다. 어느 상가의 안내사인과 골드코스트 문화센터 앞 도로의 이미지 사인들.

7_ 브리즈번 시내에서 본 한국음식점의 단순하지만 깔끔한 이미지의 전면사인.

1, 2, 3, 4 _ 브리즈번 서부지역의 인두루필리 대형 쇼핑센터 내부의 과일 전문점과 푸드코트의 깔끔한 이미지의 사인들과 정크아트(Junk art)와 슈퍼 그래픽으로 꾸민 로마스테이션 앞의 점포, 그리고 사우스뱅크 지역의 그리피스 대학교 캠퍼스내에 위치한 카페의 독특한 타이포그래피 사인.

5 _ 골드코스트 중심가에서 본 카페의 기타 형태의 조형사인은 향수를 불러 일으키는 레트로 디자인으로 네온관을 활용하여 제작되어 있다.

1, 2 _ 호주의 쇼핑센터 입구에는 입점 브랜드를 게시한 대형안내 사인이 설치되어 있어 차안에서도 쉽게 인지할 수 있다. 브리스번 구 시청사 옆의 건물 후문에는 기존의 건축 구조물을 활용한 안내 사인이 설치되어 있어 실용적인 호주디자인의 단면을 보여준다.

3, 4 _ 디지털 정보화 사회이지만 가끔 아날로그적인 네온관을 활용한 사인도 만날 수 있으며 보통 대형 쇼핑센터의 경우는 규격과 효과 측면에서 첨단 재료를 활용한다.

Signage
British s

Auckland

6. 뉴질랜드 **오클랜드**

오염되지 않은 대자연과 각종 레포츠 활동 등 여행하기에 쾌적한 기후 조건을 갖춘 뉴질랜드는 아름다운 자연과 온화한 기후를 바탕으로 세계적인 관광 국가로 모두에게 인식되고 있다. 가장 더운 달의 월평균 기온이 22도를 넘지 않으며 겨울에도 영상의 기온을 유지하기에 년 중 푸른 초원을 볼 수 있다. 오클랜드는 뉴질랜드의 최대도시며 중심지이다. 다양한 해양스포츠는 물론 전쟁기념박물관, 스카이 타워, 해양박물관, 뮤지엄, 아트 갤러리, 오클랜드 동물원 등 볼거리와 즐길 거리가 많은 곳이기도 하다. 정치, 경제, 문화적으로 호주와 같은 영연방 국가의 일원으로 남다른 유대관계를 형성하고 있으며 전체적인 문화나 디자인 측면에서도 유사한 이미지를 보여준다. 영국은 물론 호주의 사인들이 타이포그래피의 다양함과 컬러의 자연스러움을 잘 표현하고 있듯이, 간결하고 현대적이며 세련된 서체를 기본으로 원색이 아닌 중간 톤의 색상과 잘 조화된 사인들은 조형적인 완성미와 함께 담백한 오클랜드의 이미지를 연출하고 있다. 또한 사인이 건축물의 일부 요소로 보일만큼 전체적으로 완성도가 높고 시각적으로 편안하고 실용적인 형태로 다가온다. 마치 건축물과의 조화를 먼저 생각하여 개인의 이익을 절제 하고 도시사용자를 먼저 배려하는 여유로움으로 연출되고 있는듯하다. 좋은 글처럼 좋은 데이터 그래픽 표현은 개념을 명료하고, 정확하고, 효율적으로 전달한다(마이클 프랜들리)는 원리처럼 시각정보를 단순 명료화해 그 정보가 필요한 사용자들이 중요한 결정을 내릴 수 있도록 도와주어야 한다. 이는 업체나 업소는 물론이고 공공 기관에서도 책임감을 가지고 지켜야할 사항인데, 오클랜드 거리 곳곳의 사인들이 완성도 높은 디자인과 예술 작품으로 보여 지는 것은 여유 있는 제작 프로세스와 심사숙고하여 작업한 결과로 보인다. 우리와는 다른 뉴질랜드만의 문화적인 차이와 디자인 감각, 프린트 테크닉, 완벽한 시공의 3박자가 명확하게 맞은 합리적인 결과라고 생각된다.

세계는 지금 정보화 사회를 넘어 지식사회(Knowledge Society), 또한 문화와 경제가 하나가 되는 문화경제의 시대이다. 즉, 지식과 문화경제가 기업은 물론 사회 전반에 가장 큰 경쟁력의 원천이 되고 있다. 이러한 급격한 환경변화는 디자인 분야는 물론 옥외광고 업계도 예외는 아니어서 에콜로지(Ecology)디자인과 지속가능 (Sustainable)한 그린디자인 관점에서 제작 시스템과 실행 프로세스, 옥외광고물 표현에도 나타나고 있다. 사인(Signage,간판)은 그 업소나 기업의 얼굴이자 이미지이다. 아울러 사인 컬러 디자인은 중요하고도 유용한 정보이며 다양한 커뮤니케이션 활동이다. 사인 정보디자인은 인터랙션(Interaction) 디자인이며 경험디자인 이라고 할 수 있는데, 우리의 사회구조와 문화가 다원화되고 글로벌화 되면서 감성적인 개념과 융합이 중요한 요소로 각 분야에서 활용되고 있다. 디자인의 기본요소인 문자, 색채, 형태, 재질, 조명 등에 대한 다각적인 검토와 함께 이러한 요소들의 조화를 기본으로 단순하고 명확한 컬러 디자인이라는 도구를 잘 활용한 사인

디자인은 쾌적한 도시환경 구성에서 가장 큰 시각적인 요소이다. 우리가 생활하고 있는 도시를 구성하는 조형적 요소(도로, 공원, 광장, 건축, 가로시설물 등)와 가로경관 요소 중 사인은 예전부터 시각적 공해요인으로 많은 문제점을 표출하여 왔고 지금도 일부에서는 심각한 수준이다. 그러나 국내의 도시 경관도 서서히 변화하고 있으며 이제는 단순한 정보전달의 기능을 넘어서 도시경관과 아름다움을 느끼게 디자인 되어야 한다. 아울러 독창적인 가치와 조형작품 개념으로 도시환경과 연관하여 조화롭게 통합적인 개념으로 제작되어야 한다. 그 가운데 컬러 디자인 요소와 디자인 기본원리에 충실하고 조화로움을 추구한다면 더 아름답고 살기 좋은 도시를 가꾸어갈 수 있을 것이다.

아울러 일반적인 상업공간에서 적용되는 광고 전략인 AIDMA(Attention_관심, Interest_흥미, Desire_욕망, Memory_기억, Action_구매행동)의 아날로그적인 개념에서 최근의 스마트 디지털 시대에 적합한 개념인 AISAS(Attention, Interest, Search, Action, Share)로 변화하고 있다. 즉, 소비자가 주의(Attention)를 끄는 브랜드 메시지에 흥미(Interest)를 느끼면 인터넷에서 검색(Search)을 하고 그 정보를 바탕으로 구매행동(Action)을 한 후 구매경험을 공유(Share)하게 된다는 것이다. 디지털 미디어와 컨버전스, 크로스오버 마케팅 등 다양한 스마트 소비자의 출현과 요구에 적합한 디지털 사인 적용에 대하여도 잘 대처해 나가야 한다. 그리고 열린 마음으로 글로벌, 현대적 개념에 적합한 사인디자인 콘셉트를 도시디자인에 잘 적용하면 어떨까 생각해본다. 그 도시만의 정체성 있는 톤 앤 매너(Tone and Manner)와 룩 앤 필(Look and Feel)을 잘 관리하고 유니버설 · 인클루시브 디자인이 잘된 도시의 이미지는 전 세계인들에게 다시 찾고 싶은 곳으로 영원히 기억될 것이다.

Auckland
FIRE HOSE REEL
1

TravelPharm
Natural & Organic
Travel Medic
NATURE'S WINDOW
EXIT
blue
bar
bar & bistro
2

1, 2 _ 뉴질랜드의 관문인 오클랜드 국제공항의 작고 소박한 이미지의 상담안내
카운터 벽면의 사인과 공항 내부의 활기찬 모습과 어울리는 현대적인 디자인의
카페 사인.

3, 4 _ 오클랜드 아트갤러리의 전경과 입구의 계단을 활용한 전시안내
사인으로 건축 외관의 구조를 살리며 배치한 의도에서 브리티시 스타일의
실용성이 엿보인다.

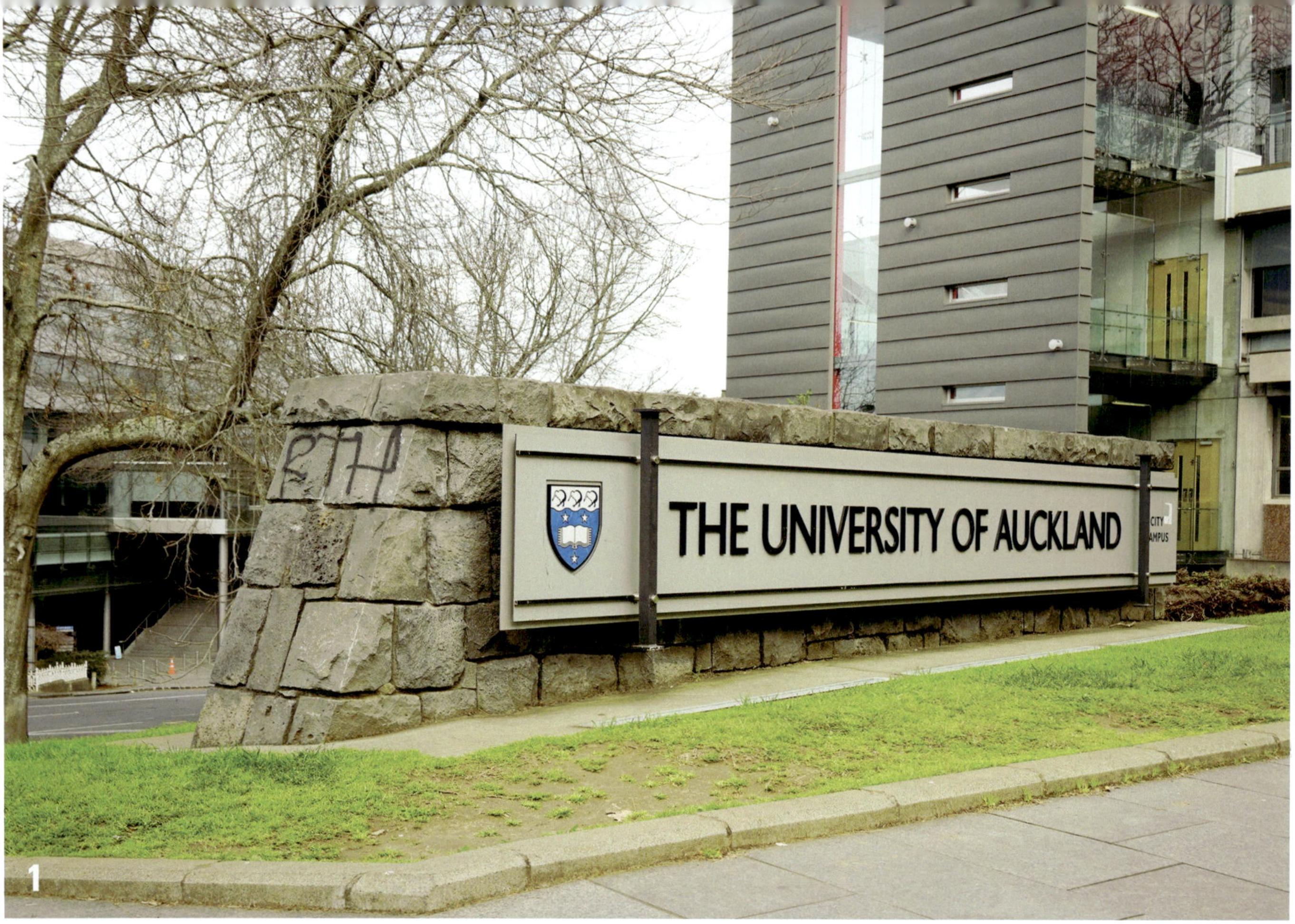

THE UNIVERSITY OF AUCKLAND
CITY CAMPUS

General
Library

TE HERENGA
MĀTAURANGA
WHĀNUI

B10
B15
B28

Course Information
Centre
WH
CAMPUS MAP
CAMPUS MAP
WA
WG
WH
AUT

1, 2, 3 _ 오클랜드 대학교의 입구와 교내 곳곳에 설치되어 있는 사인 시스템은 투박하지만 명확한 이미지와 정보를 알려주는 디자인으로 구성되어 있다.

4, 5 _ 오클랜드 시내와 해변가에는 다양한 정보와 위치를 알려주는 지주형 사인들이 나름대로의 재질과 타입으로 개성미를 보여준다.

6 _ 오클랜드 시내 인근에 위치한 노보텔 호텔과 아이비스 호텔의 입구에 있는 지주형 사인으로 브랜드 로고와 사인의 배경색이 대비되어 산뜻한 이미지를 연출하고 있다.

1

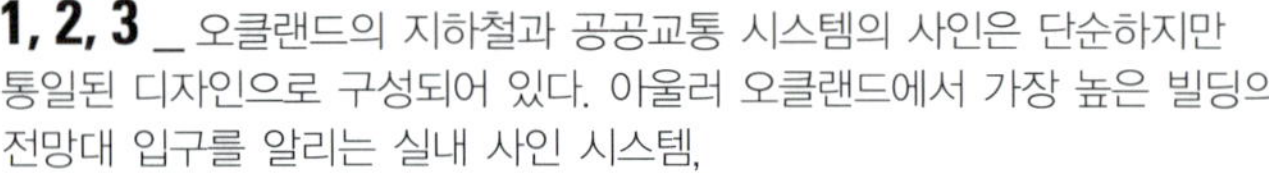

2

3

1, 2, 3 _ 오클랜드의 지하철과 공공교통 시스템의 사인은 단순하지만 통일된 디자인으로 구성되어 있다. 아울러 오클랜드에서 가장 높은 빌딩의 전망대 입구를 알리는 실내 사인 시스템.

4, 5 _ 아름다운 오클랜드 시내와 해변가에는 다양한 정보와 위치를 알려 주는 지주형 사인들이 나름대로의 재질과 타입으로 개성미를 보여준다.

6 _ 오클랜드 시내의 MINI자동차 매장으로 전 세계의 어느 도시나 미니 매장의 공통점은 건물 파사드에 빨간색 미니 한대를 부착시켜 브랜드 이미지를 소비자들에게 각인시키는 디자인 전략을 활용하고 있다.

Viaduct Harbour
Viaduct Events Centre
Auckland Fish Market
Tepid Baths
SkyCity
Victoria Park
Westhaven Marina

Voyager
Voyager
New Zealand
Maritime
Museum
The Explorative Spirit
Of A Seafaring
Nation
Admission FREE
for Auckland
region residents
Maritime
Museum
Entry

MINI
MINI
MINI GARAGE

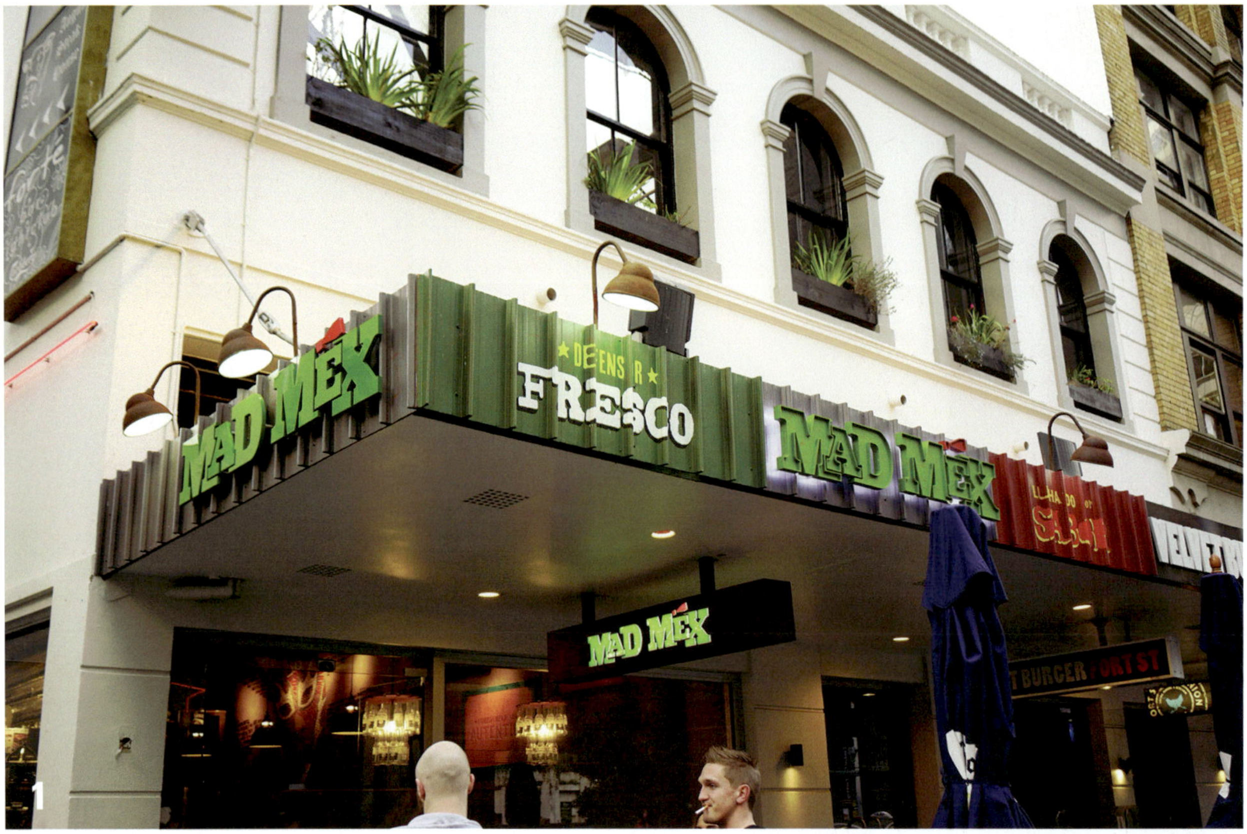
MAD MEX
FRESCO
MAD MEX
MAD MEX
1

techbooks
customer carpark
2

205
Public Trust
fonefix
Cafe Zinc
PostShop
Kiwi bank.
kiwi bank
3

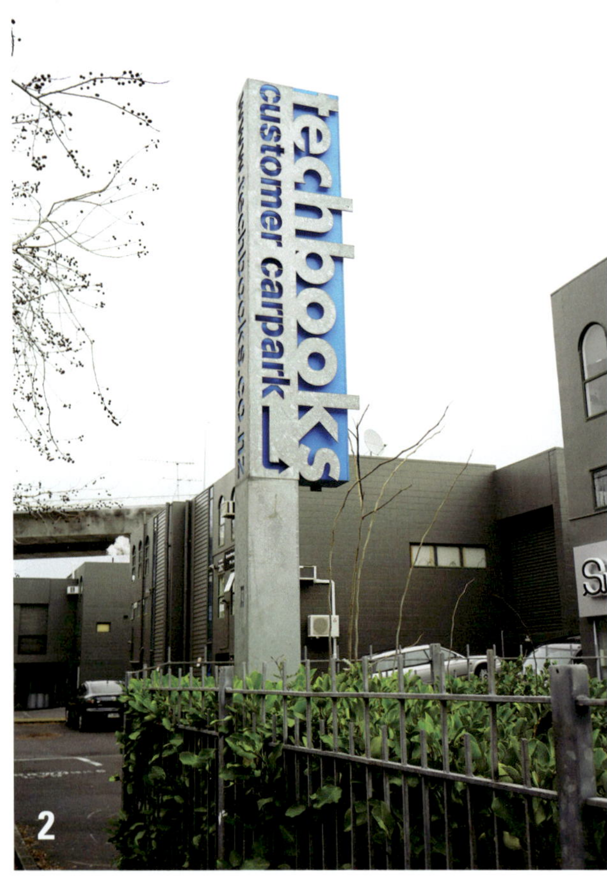

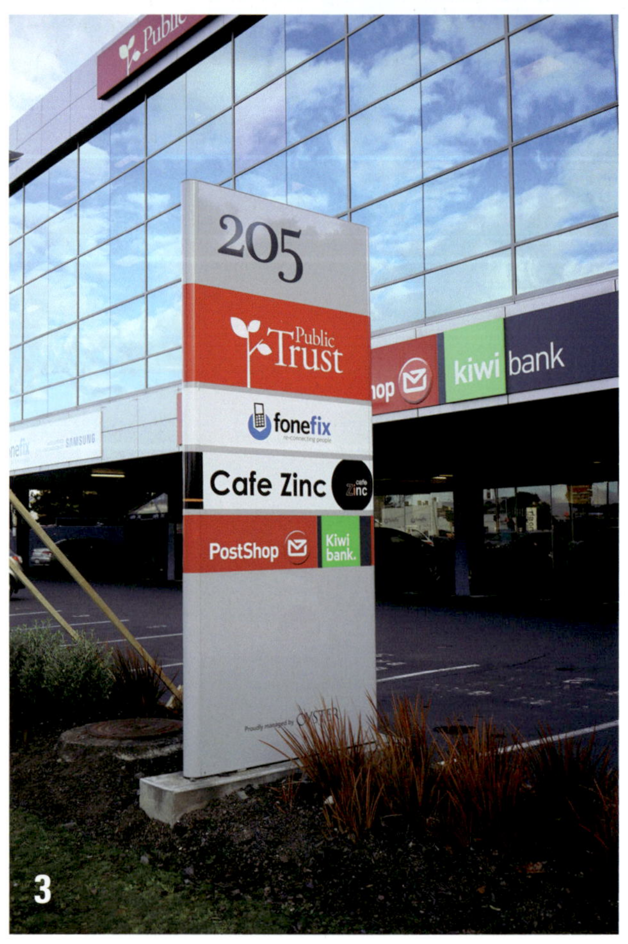

1, 2, 3 _ 오클랜드 시내를 걷다보면 단순하지만 개성적인 디자인의 사인들을 자주 만날 수 있는데 브리티시 스타일의 디자인을 추구하는 영연방 국가들의 공통점은 개성과 실용미, 색상의 세련된 배치라고 생각된다.

4 _ 오클랜드 초고층 빌딩 앞에 위치한 유명한 브랜드 커피숍한은 브랜드도 유명하지만 일러스트 조형물 형태의 이미지가 더욱 유명하다.

5 _ 오클랜드 시내 이느 상기의 돌출 시인은 독특한 제질과 단순미를 멋지게 드러내고 있다.

1, 2, 3, 4 _ 오클랜드 박물관 내부의 다양한 실내사인들.

5, 7 _ 오클랜드 박물관 내부의 휴게공간의 벽면 부착 안내 사인과
다양한 실내사인.

6 _ 오클랜드 박물관 외부에는 넓은 잔디공원이 있는데 이곳에 설치되어
있는 지주형 사인은 자연스러운 목재의 질감과 메탈 재질에 실크스크린
인쇄로 제작되어 있다.

Look what's behind this wall...
bliss
REBEL
GEORGE HARRISON
Café
FOOD COURT
Sweet Chimney
Sweet Chimney
Chimney Cakes
WAFFLE
BDO
ATRIUM ON ELLIOTT
AUCKLAND CITY
Open 7 days
Over 45 specialty stores
www.atriumonelliott.co.nz
number one shoes

We Gave PUBLIC TRANSPORT
AUCKLAND OVERGROUND.
#Give it a U
OMAHA   KAWAU   MANLY   LAKE PUPUKE   TAKAPUNA   BAYSWATER   DEVONPORT   QUEEN ST

3

4

1, 2 _ 오클랜드 시내의 어느 건물 벽면은 슈퍼
그래픽으로 시공되어 있어 보행자들의 시선을 끈다.
오클랜드 시내의 버스정류장으로 공공 이미지를
그래픽으로 표현하고 있다.

3, 4 _ 오클랜드 YMCA건물은 로고와 아이덴티티
컬러를 활용하여 단순하지만 명확한 이미지를 전달
하는 디자인으로 멀리서도 이 건물을 쉽게 인지할
수 있다.

1 _ 오클랜드 뮤지엄의 벽면에 장식된 전시안내 커팅시트지.

2, 3_ 오클랜드 시내의 상가의 돌출 사인과 전편 파사드 이미지.

4 _ 오클랜드 외곽지역의 지하철역의 공간은 반투명 실사출력
이미지로 구성되어 있다.

5, 6 _ 오클랜드 시내의 어느 오피스 빌딩의 입구 사인과 번화가
쇼핑몰 입구 전경.

7

8

7 _ 오클랜드 시내의 어느 점포 위도우에 부착된 타이포스트레이션의 이미지가 여성을 타겟으로 한 브랜드임을 상징하고 있다.

8 _ 오클랜드 시내의 지하철역 입구 측면에는 대형 꽃 그래픽 이미지가 시공되어 있어 도시공간을 포근하게 연출하고 있다.

1, 2, 3 _ 시내 곳곳에는 단순하지만 현대적인 형태와 패턴의 다양한 돌출사인과 출 전면사인을 만날 수 있다.

4 _ 어느 오피스 타워의 입구에 설치되어 있는 단순한 형태의 안내사인.

5 _ 어느 의류 브랜드의 윈도우는 색상대비가 강한 이미지를 실사 출력하여 부착시켜 보행자의 시선을 사로잡는다.

HUFFER
HUFFER

1, 2 _ 오클랜드 공공도서관의 사인은 건물 전면에 단순한 문자형태로
시공되어 있다. 대형 유통업체의 전면사인은 건물의 규모에 맞게 대형으로
제작되어 명시성이 뛰어나다.

3, 4, 5, 6, 7 _ 시내 곳곳에서 만난 상업시설로의 실내외 사인들로
다양한 재질과 질감, 컬러로 연출되어 있다.

fuschia
Clothing & Accessories
fuschia.co.nz
Fuschia
fuschia
fashion, accessories & body piercing
3

Yoghurt
story
START
Guilt free probiotic yoghurt. Cool as.
STEP 1.
4

dotti
5

THE 3 EYE
6

VERONA
7

Britomart Transport
Centre
9 min
Ferry Building
10 min
Viaduct Harbour
13 min
Visitor Information
at Viaduct Harbour
14 min
Maritime Museum
13 min
Arena
Mahuhu ki te Rangi Reserve, Arena
via Victoria St East
18 min
Universities
via Victoria St East
8 min
Auckland Art Gallery
Toi o Tamaki
via Victoria St East
6 min
Auckland City